亞洲首富

李嘉誠傾囊相授

——給你的24堂財富課

張笑恒◎著

目錄

contents

第7堂課　年輕人要把吃苦當做吃補

第8堂課　挫折是促使年輕人成長的良藥

第9堂課　穩紮穩打步步為「贏」

目錄

第10堂課　好漢不吃眼前虧

第11堂課　學會善借外力以小搏大

第12堂課　在最危險之處博取利潤

contents

第13堂課 自己發財也讓別人發財

第14堂課 有所不為才能有所為

第15堂課 大氣量才能有大作為

第16堂課 得人心者得天下

目錄

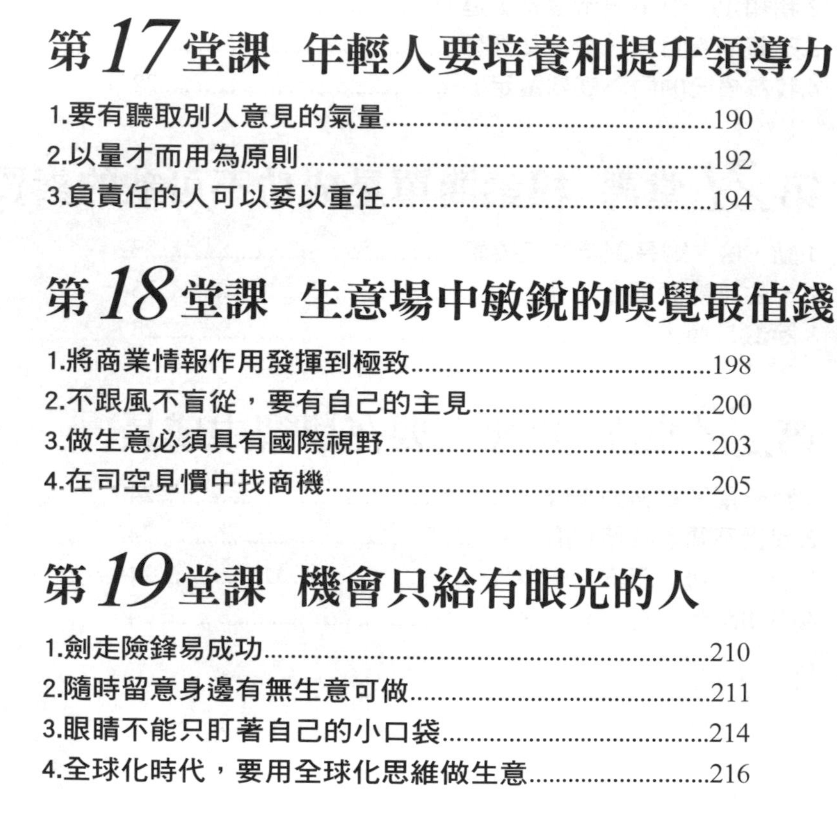

第17堂課 年輕人要培養和提升領導力

第18堂課 生意場中敏銳的嗅覺最值錢

第19堂課 機會只給有眼光的人

contents

第20堂課 關鍵是要賺到開心的錢

第21堂課 樸素簡單是成功不可缺的素質

第22堂課 年輕人要在學習中成長

目錄

第23堂課　加強將知識轉化為財富的能力

第24堂課　人生還有比賺錢更重要的東西

contents

序言

為什麼華人首富是李嘉誠而非他人？

自香港起家成為地產天王的李嘉誠，蟬聯《富士比》香港富豪榜二十年榜首，在短短幾十年內亦在中國大陸建立其商業帝國，穩居世界華人首富的地位。

然而，自2011年起，李嘉誠開始陸續拋售中國地產，並大量投資歐洲公用事業，被評論為「買下了英國的人」。當時許多人不解其意，中國大陸甚至有「別讓李嘉誠跑了」的聲浪，直到2018年爆發中美貿易戰，影響各產業別層面相當廣大，人們才憬悟李嘉誠的先知卓見！李嘉誠就是李嘉誠，永遠花百分之九十的時間來考慮失敗了會如何！

李嘉誠演繹了一個經典的傳奇人生，從一個逃難到香港一文不名的窮小子，歷經茶樓跑堂、鐘錶店店員、五金行小業務員、塑膠花工廠主……直至當今成為連股神巴菲特都讚譽有加的華人首富。

這是我們每一個人都夢寐以求的輝煌人生，尤其是血氣方剛、熱血沸騰的年輕人，都想像李嘉誠一樣通過自己的努力，抓住機遇，成就自己的財富夢想，創造屬於自己的傳奇人生。然而，現實卻輕而易舉地擊碎了我們的財富夢，挫折與失敗接踵而來，使我們陷入失望與痛苦之中。當對失敗沮喪、對未來迷茫、對自己將要失去信心的時候，我們不妨看看李嘉誠的人生財富路。

其實，很多人都具備擁有財富的權利和潛質，但並不是每一個人都能如願以償。縱觀李嘉誠在商海搏擊幾十年的經歷，不難看出，他能夠在投資領域從白手起家到功成名就，不僅僅是依靠艱苦奮鬥，還有與眾不同的投資理念和眼光。他的成功經驗能夠給我們怎樣的啓迪呢？他追逐巨大財富的經歷又給我們怎樣的借鑒呢？在社會飛速發展、競爭日趨激烈的當代社會，年輕人能否再次上演如同李嘉誠一般的奇蹟呢？

時代不同了，可能我們不能完全依照李嘉誠的財富道路規劃自己的人生，但是那些富有巨大價值的成功經驗是亙古不變的。全球知名財經雜誌《富士比》曾如此評價道：「環顧亞洲，甚至全球，只有少數企業家能夠從艱困的童年，克服種種挑戰而成功建立一個業務多元化及遍佈全球54個國家的龐大商業王國。李嘉誠在香港素有『超人』的稱號。事實上，全球各地商界翹楚均視他爲擁有卓越能力、廣闊企業視野和超凡成就的強人。」李嘉誠是事業成功的典範，他的創業、守業的歷程足以給人們眾多寶貴的啓示，甚至可以說就是一眼取之不盡、用之不竭的智慧之泉。

本書以李嘉誠的從商經歷爲全書主線，詳細解讀了李嘉誠如何攫取財富的智慧，多角度論述了他取得財富的方法與膽略，並以建議與忠告的形式呈現給希望成就財富人生的年輕人。這些內容緊扣當代年輕人的心理，力求爲那些站立在十字路口，不知道該何去何從的年輕人指明方向。

是的，成功的因素不是幾個詞語、幾句話就能概括的，但李嘉誠的每一句話都是人生箴言，字字都是對自己財富、人生經驗的總結和提煉。本書沒有就經商論經商，而是將爲人處事和經商有機地融合在一起講述，這樣更易於讓希望通過經商實現自己財富夢想的廣大年輕人理解和接受。

成功不能複製，但經驗可以借鑑。也許本書並不能讓我們成爲第二個李嘉誠，但是可以吸收和借鑒李嘉誠的人生成功經驗，並爲之努力，打開屬於自己的財富之門。

第1堂課

會做人才能成大事

成功者之所以成功，在於做人的成功；失敗者之所以失敗，在於做人的失敗。李嘉誠經常說：「未學經商，先學做人。」在他看來，做人乃是經商之本，乃是做一切事業之本，只有首先務這個本，才能成為一個好的商人，成為一個真正成功的人。現代社會，每一個人都不再僅僅是一個人，而是一個品牌。只有不斷地經營自己、完善自己，形成自己的品牌價值，才能獲得認同，取得成功。

1 要想取得成功，首先要會做人

儒家講「修身、齊家、治國、平天下」。就是說，想要成就事業，必須先學會做人。立業先立德，做事先做人。做任何事情，都是從做人開始的。不會做人，必然做不好事情，做不好事情，哪來的成功。

李嘉誠說過：「要想在商業上取得成功，首先要會做人，因爲世情才是大學問。」在他經商成功的秘訣當中有兩個字最重要，那就是「做人」。

李嘉誠1928年出生於潮州，1940年，爲逃避日軍侵略戰禍，11歲的李嘉誠隨家人輾轉遷徙香港。後來，父親去世，14歲的李嘉誠不得不輟學回家，擔負起養家糊口的重任。他先後在茶樓、五金店做過學徒，然後通過不懈的奮鬥一步步走向成功。

香港一家媒體，曾經做出了這樣的評價：「李嘉誠發跡的經過，其實是一個典型青年奮鬥成功的勵志式故事，一個年輕小夥子，赤手空拳，憑著一股幹勁兒，勤儉好學，刻苦勤勞，創立出自己的事業王國。」但是，在李嘉誠自己看來，他的成功歸根結底是因爲「懂得做人的道理」。

在李嘉誠的父親去世的時候，發生了一件事，這件事使李嘉誠明白了做人的重要性，也確定了他做生意的一項準則。

1943年的冬天，父親去世，李嘉誠含著眼淚去買墳地。然而，賣地人見李嘉誠是一個小孩子，以爲他好欺騙，就將一塊埋有他人屍骨的墳地賣給了他，並且用客家話商量著如何掘開這塊墳地，將他人屍骨弄走……

他們並不知道，李嘉誠聽得懂客家話。小小年紀的李嘉誠震驚了。他不明白世上怎麼會有這麼黑心的人，連死人也不放過。

這件事情深深地留存在李嘉誠的記憶深處，給他上了一堂關於人生、關於社會真實面目的教育課，這促使李嘉誠暗下決心：不管將來創業的道路如何險惡，不管將來的生活如何艱難，一定要做到生意上不坑害人，生活上樂於幫助人。

在李嘉誠看來，只貪圖利益的人，充其量只能一輩子做一個小商人，而一個能把做人的原則放在首位的人，才能成爲一個大商人。做人之道與經商之道其實並不矛盾，相反，它們是緊密相連的。**李嘉誠堅信天下最有用的生意經是「做人重於經商」，也就是說，要經好商必須先做好人。**他認爲，那些眼睛只看到錢，甚至企圖靠坑蒙拐騙做生意的人，只可能賺一把是一把，永遠都不可能把生意做大；而那些心明眼亮，懂得把做人的重要性放在第一位，能夠以誠待人的人，則會樹立起自己的人格品牌，把人格轉化爲無形的資產，最後成就一番大的事業。

做人跟做生意一樣，李嘉誠有自己堅守的原則。「有些生意，給多少錢讓我賺，我都不賺……有些生意，已經知道是對人有害，就算社會允許做，我都不做。」在滾滾紅塵當中，可以闢一處地方安頓好自己的良心，身心亦較舒坦。「做人要留有餘地，不把事情做絕。有錢大家賺，利益大家分享，這樣才有人願意合作。假如拿10%的股份是公正的，拿11%也可以，但是如果只拿9%的股份，就會財源滾滾。」

李嘉誠覺得，一個人的成功不在於獲得了多少財富，也不在於做了多大的官，而在於品德的修養。品德是心靈之根本，品德構成你的良知，使人明白事理，正直、誠實、勇敢、公正、慷慨等品德，在我們面臨重要抉擇時，便成爲我們成功與否的重要決定因素。

如今不少年輕人一心求富，以致忽略了做人和做生意的聯繫。李嘉誠告訴我們，只有先做人才能成大事，這也是一個古訓。中國儒家學說代表人物孔子曾告訴我們「子欲爲事，先爲人聖」，「德才兼備，以德爲首」，「德若水之源，才若水之波」。所以，會做人，才能會做事，才能贏取財富。

2 要令大家信服並喜歡和你交往

李嘉誠說過：「世界上每一個人都精明，要令大家信服並喜歡和你交往，那才是最重要的。」做生意本就是與人交往的一門學問，打好關係是做好生意的前提。靠著斤斤計較和算計，永遠也做不成大生意。做一名成功的商人，有一個精明的頭腦還遠遠不夠，還必須在做人處世方面有過人之處。李嘉誠之所以能夠取得巨大的成功，就是因爲不論在什麼時候，他都能夠讓人信服自己，願意幫助自己，樂於與自己合作。

創業初期，李嘉誠沒有什麼資本，靠的就是實打實的幹勁。以身作則的態度贏得了員工和合作夥伴的信賴。

1950年夏天，李嘉誠的長江塑膠廠在筲箕灣創立。沒有充足的資金，只能租賃破舊的廠房，但是李嘉誠依然躊躇滿志，滿懷信心地進行著工作。他雖然已經是個老闆，但仍是初做「行街仔（推銷員）」的老作風，每天工作16個小時，腳踏實地去實現他的抱負。

李嘉誠每天大清晨就外出推銷或採購，趕到辦事的地方，別人正好上班。中午時，急如星火趕回筲箕灣，先檢查工人上午的工作，然後跟工人一道吃簡單的工作餐。沒有餐桌，大家蹲在地上，或七零八落找地方坐。很快，長江廠有了盈利，李嘉誠就抽錢出來，儘量改善伙食品質和就餐條件，以穩定員工隊伍。**「你必須以誠待人，別人才會以誠相報。」**李嘉誠對塑膠同行如是說。

第一批招聘的工人，全是門外漢，過半是赤腳上田的農民。唯一的塑膠師傅是老闆李嘉誠，機器安裝、調試，直到出產品，都是李嘉誠帶領工人一道完成的。草創時期的長江廠條件異常艱苦，卻鮮有工人跳槽。

正是李嘉誠以身作則的態度和真誠待人的爲人方式贏得了工人們的信服。長江廠員工的這股凝聚力，爲李嘉誠日後的成功奠定了基礎。

靠一時的算計做生意，生意永遠不會長久，更不可能做大，如果不打算只做一錘子買賣，就必須做到以誠待人，取得別人的信任。只有在「誠」的基礎上建立起來的合作關係才能長久。品格高超的人才能讓別人信服，使別人願意與你做生意，才能獲得更多的合作機會。

早年，李嘉誠生產塑膠花，曾有一位外商準備大量訂貨。不過，對方有一個條件，必須有實力雄厚的廠家作擔保。這對白手起家、沒有任何背景的李嘉誠來說，無疑是一個嚴峻挑戰。

李嘉誠硬著頭皮，上門求人爲自己擔保，最後磨破了嘴皮子，還是一無所獲。看來生意要泡湯了，他只得對外商如實相告。

外商被李嘉誠的誠實打動了：「說實話，我本來不想做這筆生意了，但是你的坦白讓我很欣賞。可以看出，你是一位誠實君子。誠信乃做人之道，也是經營之本。所以，我相信你，願意和你簽合約，不必用其他廠商作擔保了。」

不料，李嘉誠卻拒絕了對方的好意，他說：「您這麼信任我，我非常感激！可是，因爲資金有限，我確實無法完成您這麼多的訂貨。所以，我還是遺憾地說，不能跟您簽約。」

這極富戲劇性的變化，讓外商大爲感慨，他沒有想到，在「無商不奸、無奸不商」的商場裡，還有李嘉誠這樣的誠實君子。於是，外商當即決定，即使冒再大的風險，也要與這位誠實做人、品德過人的年輕人合作一次。最後，外商預付貨款，幫助李嘉誠做成了這筆買賣。

李嘉誠總是說：「要照顧對方的利益，這樣人家才願與你合作，並希望下一次合作。」做人的成功，讓李嘉誠財源廣進。

做生意本就是一件雙贏的事情，不能犧牲合作人的利益來換取自己的利益。當兩人的合作不能帶給合夥人利益的時候，主動放棄，這樣的人才具有人格魅力，才能贏得別人的信服，才能在生意場上如魚得水。與這樣的人合作，不用擔心會吃虧，更多的人會主動向這樣的人尋求合作機會。

做生意就是人與人之間的博弈，利益相爭是必然的，但不是絕對的。總是與別人相爭，到最後，只會四面樹敵，造成難免敗亡的結局。與其爭得你死我活，不如尋求合作，爭取雙贏。以人格魅力征服別人，使別人信服自己，獲得與更多人合作的機會，才能贏得有利的局面，取得最後的成功。

3 名聲對你的事業影響極大

李嘉誠說：「注重自己的名聲，努力工作、與人爲善、遵守諾言，這對你的事業非常有幫助。名聲很重要，這是外界對自己的一個評價，好的名聲可以帶動事業的上升。「毒蟲猛獸，避之則吉」，如果一個人臭名遠揚，人們迴避還來不及呢，又怎麼會與他合作呢？相反，如果一個人名聲在外，很多人都願意主動與之結交，這樣，合作與發展的空間就會越來越大，生意就會越做越好。

李嘉誠在創業初期，就非常注意維護自己的名聲，正是好的名聲，帶動了他的事業一步步地上升。

就在李嘉誠的事業越做越好的時候，遇到意想不到的風浪。一個客戶聲稱他的塑膠製品品質粗劣，要求退貨。李嘉誠冷靜思考，承認產品品質有問題。他知道他太急功近利了，一味追求數量，而忽視了品質。

那個時候的李嘉誠騎虎難下，他手裡不只有這一家的訂單，還有其他很多訂單，延誤交貨就要罰款，連老本都要貼進去；如果趕工做好，品質肯定沒有保障。這個時候，推銷員帶回來的消息更是把他投進了冰窟窿：客戶拒收產品，還要長江廠賠償損失！

倉庫裡堆滿因品質欠佳和延誤交貨退回的玩具成品，一些客戶紛紛上門要求索賠，李嘉誠個人的名聲一落千丈。一些新客戶上門考察生產規模和產品品質，見此情形扭頭就走。

產品積壓，沒有進賬，原料商仍按契約上門催要原料貨款，銀行得知長江廠陷入危機，派職員來催貸款，廠裡的員工也士氣低落，李嘉誠被搞得焦頭爛額，長江廠面臨崩盤的危險。

但是李嘉誠沒有因此倒下，在母親的開導下，他明白了自己的錯誤，決定重新起來，恢復自己的名聲，讓長江廠走出低谷，重獲新生。

李嘉誠回到廠裡，工廠仍籠罩在愁雲慘霧之中。李嘉誠召集員工開會，他坦誠地承認自己經營錯誤，不僅拖垮了工廠，損害了工廠的信譽，還連累了員工。他向這些天被他無端訓斥的員工賠禮道歉，並表示，經營一有轉機，辭退的員工都可回來上班，如果找到更好的去處，也不勉強，從今後，保證與員工同舟共濟，絕不損及員工的利益，而保全自己。

緊接著，李嘉誠一一拜訪銀行、原料商、客戶，向他們認錯道歉，祈求原諒，並保證在放寬的限期內一定償還欠款，對該賠償的款項，一定如數賠償。李嘉誠絲毫不隱瞞工廠面臨的危機——隨時都有倒閉的可能，懇切地向大家請教拯救危機的對策。

李嘉誠的這一舉動贏得了大多數人的原諒，原料供應商和銀行都給了他迴旋的餘地，幾個客戶雖然不滿，但是在李嘉誠真誠地道歉下，也鬆了口。

接著，李嘉誠將廠裡所有的存貨進行清理，將其歸爲兩類：一類是有機會做正品推銷出去的；一類是款式過時或品質粗劣的。正品賣出一部分，他不想被積壓產品拖累太久，全部以極低廉的價格，賣給專營舊貨次品的批發商，在製品的質檢卡片上，一律蓋上「次品」的標記。李嘉誠陸續收到貨款，償還了一部分債務。

李嘉誠這樣的做法，贏得了多數人的尊重，名聲再次起來。原來那些擔心他借錢的親戚朋友也都陸續出現，爲李嘉誠分擔憂愁，安慰激勵，獻計獻策，提供力所能及的幫助。李嘉誠正是靠這些說明，獲得新訂單，籌到購買原料、添置新機器的資金。

李嘉誠又一次拜訪銀行、原料商和客戶，尋求進一步諒解，那些當初怒氣沖沖的客戶都表示願意與他再次合作。

就這樣，李嘉誠慢慢地走出了困境，長江廠再次站了起來。

在李嘉誠成功的道路上，他總是不忘加強自身的修養，提高自己的名聲。香港廣告界著名人士林燕妮，曾主持廣告公司，與李嘉誠的長江實業有密切的業務往來。談到李嘉誠，林燕妮總是挑起大拇指。正是這種好名聲，使他的事業逐節攀升，成就了今天的李嘉誠。

名聲對任何人來說都非常重要，尤其是生意人，它代表的是人的公眾形象，一旦被毀掉，就會失去眾人的支持與信賴。這樣，事業就會失去基礎，不再牢固，隨時都有垮塌的可能。所以，作為一個生意人，不只要學會賺錢，還要學會維護自己的名聲。

4 首富的子女教育

李嘉誠不僅在生意上取得了非凡的成就，而且在子女教育上也取得了巨大的成功。他的兒子李澤楷現在也是商界鼎鼎有名的大人物。那麼，李嘉誠在子女教育上究竟有什麼心得呢？李嘉誠曾經說過：「以往99%是教孩子做人的道理，現在也有約2/3教他們做人的道理，其餘1/3是談生意。」他堅信，教孩子學會做人、學會與人相處是家庭教育最重要的內容。

李嘉誠對兩個兒子的培養教育抓得很早。他要求兒子生活上克勤克儉，不求奢華；事業上注重名譽，信守諾言。他特別教導兒子要考慮對方的利益，不要占任何人的便宜，要努力工作。

李嘉誠認為，教孩子學會自立自強，學會為人處世，比給他金山銀山要強百倍。所以，他從來都不嬌慣兒子，兩個兒子從小就克勤克儉，不求奢華。李嘉誠很少讓兒子坐私家車，總是帶他們坐電車、巴士。

李家兄弟就讀的香港聖保羅男女小學是一所頂級名校，裡面的孩子大多數都是車接車送，而他們兄弟兩個卻每天都和爸爸一起擠巴士，以至於他們兩人都懷疑爸爸是否像外界傳言的那樣有錢。李嘉誠對他們說：「在電車、巴士上，你們能見到不同職業、不同階層的人，能夠看到最平凡的生活、最普通的人，那才是真實的生活，真實的社會；而坐在私家車裡，你什麼都看不到，什麼也不會懂得。」擠電車的日子讓兄弟倆明白，真實的生活充滿了辛勤和勞累，安逸和奢侈並不是生活的常態。

李嘉誠基本上不給兒子零花錢。他常常鼓勵李澤鉅和李澤楷勤工儉學，自己掙零用錢。所以，李澤鉅和李澤楷在很小的時候就開始做雜工、侍應生，李澤楷每個星期日都到高爾夫球場做球童。而當李澤鍇告訴爸爸，把掙來的錢拿去資助有困難的孩子時，李嘉誠笑顏逐開，懂得勤勞和獨立、助人即是助己的兒子，是他想要的好兒子。

身教重於言教。李嘉誠從來都不是單純地在思想上為孩子樹立勤儉節約的美德，他自己也無時無刻不嚴格要求自己。他在社會捐贈中總是大手筆，但是在自己的日常生活中，卻從不奢華。直到今天，他戴的仍然是只值26美元的日本手錶，穿的仍舊是10年前的西裝，居住的是30年前的房子。李嘉誠說：「如今我賺錢不是為了我自己，我已不再需要更多錢。」這些話與行為，深深地刻在了李澤鉅和李澤楷的心中。

李嘉誠不主張「大樹底下好乘涼」，他一直都要求兒子獨立。在李澤鉅15歲、李澤楷13歲的時候，李嘉誠就決定送他們出國上學，讓他們獨立生活。年紀幼小的哥倆就這樣離開父母，獨自到千里之外的美國加利福尼亞去求學。在美國的日子雖然很艱苦，但是卻讓他們學會了獨立面對生活中的困難，獨立解決問題，一天天地成熟起來。

後來，李澤鉅和李澤楷都以優異的成績從美國史丹佛大學畢業。照理說兩人應該順其自然地進入李嘉誠的公司，一展才華，但是李嘉誠卻對兒子們說：「我的公司不需要你們！」

李嘉誠斬釘截鐵地說：「別說我只有兩個兒子，就是有20個兒子也能安排工作。但是，我希望你們先去打自己的江山，用實踐證明你們有資格到我公司來任職。」

就這樣，兄弟兩個再次離開香港，來到加拿大，白手起家，磕磕絆絆之後，終於有所成就，李澤鉅成功經營了一家地產開發公司，李澤楷則成了多倫多投資銀行最年輕的合夥人。

正是李嘉誠的不管不問，成就了兩個兒子自立自強、奮發向上的品格。

小兒子李澤楷曾說：「我從家父那裡學到的東西很多，最主要的是怎樣做一個正直的商人，以及如何正確處理與合夥人的關係。」李嘉誠常教育兩個兒子，要想成功，在其他所有基礎條件齊備的時候，就必須要注意考慮對方的利益，不要占任何人的便宜。

李嘉誠對兒子們說：「工商管理方面要學西方的科學管理知

識，但在爲人處世方面，則要學中國古代的哲學思想，不斷修身養性，以謙虛的態度爲人處世，以勤勞、忍耐和永恆的意志作爲進取人生的戰略。」

李嘉誠不僅是一個成功的商人，更是一個成功的父親，他獨特的教育方式塑造了兩個優秀的企業家，爲華人的商界注入了兩股新的力量。

第2堂課

有一種智慧叫低調

在李嘉誠的辦公室裡有一副左宗棠的對聯：「發上等願，結中等緣，享下等福；擇高處立，尋平處住，向寬處行」，從中我們可以窺見李嘉誠成功的秘訣，那就是低調。李嘉誠一貫秉持低調的原則，從步入社會到達到事業的巔峰始終沒有將其丟棄。低調的智慧使得他置身慘烈的商戰中往往都可以大獲全勝，取得傑出的成就，贏得完滿的人生。

1 要誠實可靠，避免說大話

李嘉誠說：「與新老朋友相交時，要誠實可靠，避免說大話。要說到做到，不放空炮，做不到的寧可不說。」這句話不僅是做人的道理，更是一條重要的生意經。做生意本就是和人打交道，在互相信任的基礎上，達成共識，進行合作，獲得雙贏。所以，不論何時何地，都要忠誠、有義氣，對於自己說出的每一句話、做出的每一個承諾，一定要牢牢記在心裡，並且一定要做到。承諾不要輕易說出口，沒有把握完成的事情，不要輕易許下承諾。

在塑膠公司工作的時候，年僅20歲的李嘉誠就成了「一人之下，萬人之上」的經理。但是李嘉誠並沒有滿足，他一直都希望能有自己的事業，自己做老闆。他在塑膠行業做了那麼久，積累了很多經驗，同時他也看到，塑膠產業還有很大的發展空間，因此，他想離開公司，自己單幹。但是，不可避免地，將來會和現在的老闆成爲競爭對手。然而，老闆對自己有知遇之恩，沒有他，也就沒有李嘉誠的現在。所以，怎樣避免利益衝突就成了李嘉誠考慮最多的問題。

李嘉誠離開的那天，老闆親自在酒樓設宴爲他餞行，李嘉誠非常感激，但同時也感到深深的內疚。李嘉誠將自己的計畫向老闆和盤托出。他說：「我離開你的塑膠公司，是打算自己也辦一間塑膠廠。我難免會使用在你手下學到的技術，也肯定會開發一些同樣的產品。現在塑膠廠遍地皆是，我不這樣做，別人也會這樣。不過，我向你保證，我絕不會將一個客戶帶走，也絕不會用你的銷售網推銷我的產品，我會另外開闢銷售路線。」老闆絕對相信李嘉誠會遵守自己的諾言，當然也贊同了他的構想和做法。

李嘉誠很快就組建了自己的公司，他一言九鼎，一直踐行著對老闆的承諾。在他創辦塑膠廠之後，很多以前曾經跟他有過業務聯繫的客戶，紛紛找上他，希望能夠跟他合作。面對巨大的利益誘惑，李嘉誠依然不爲所動，婉言謝絕了，並且告知對方原因。他還強調，以前打工的塑膠廠和自己有著深厚的情誼，並且他們同樣具有很強的實力，希望這些客戶都能繼續保持一貫的聯繫和合作。

遵守諾言，才能贏得最後的勝利。商場如戰場，充滿投機取巧和激烈的競爭，是「你死我活」的戰場，但必須堅持守信原則，違背了這個原則，在市場上就會失去立足之地。李嘉誠在回憶自己創業歲月時說：「我深刻感受到，資金，是企業的血液，是企業生命的源泉；信譽、誠實，也是企業生命的根本，有時比自己的生命還重要！」因此，對生意人來說，守「信」才能生存，才能獲得利潤回報。

生意場上多個朋友多條路，想要獲得更好的發展，就必須和更多的人保持良好的關係，爭取更多的合作機會，所以要不斷地交朋友。要想結交更多真正的朋友，就必須對朋友誠信，一諾千金，答應別人的事情不論有多麼困難，都要做到。總是開空頭支票的人，永遠不會有真正的朋友。華盛頓曾說過：「一定要信守諾言，不要去做力所不能及的事情。」這位著名的美國總統告誡我們，因承擔一些力所不能及的工作或爲嘩眾取寵而輕諾別人，結果卻不能如約履行，是很容易失去信賴的。

「如要取得別人的信任，你就必須做出承諾，在做出每一個承諾之前，必須經過詳細的審查和考慮。一經承諾之後，便要負責到底，即使中途有困難，也要堅守諾言，貫徹到底。」在李嘉誠看來，能否把牙齒當成黃金是衡量一個商人是否守誠信的標準。

無論是對老朋友，還是結交新朋友，都說真話，做實事，守信用，有言必行，有諾必踐。這樣的人必是一個值得信賴，值得交往，值得尊重的人。做人坦坦蕩蕩，實實在在；做事實事求是，尊重事實，尊重規律；與人交往以誠相待，以信取人。誠實是做人的美德，有了這種美德，就具有了做好人的基礎，也就具備了成功的基本品質。

2 保持低調才能避免樹大招風

成功後的李嘉誠依然保持著謙遜的態度，擁有顯赫的地位卻沒有頤指氣使、不可一世，依然保持著低調、平和的心態，不論對什麼人，總是態度和善。

與長江實業有著密切業務聯繫的香港廣告界著名人士林燕妮曾經講過這樣一件事情：

在以前，香港的廣告市場是買方市場，基本上都是廣告商主動尋找客戶，尋求合作，而客戶根本就不用擔心會找不到好的廣告公司。所以，很多企業總是盛氣凌人，根本就不把廣告商放在眼裡。

有一次，林燕妮到長江實業的總部洽談生意。令她沒想到的是，李嘉誠想得十分周到，派服務員在地下電梯門口等待，把林燕妮等人接到了樓上。恰好那天下雨了，林燕妮被雨水淋濕了，李嘉誠看到這種情形，連忙幫著她脫下外衣，並親手掛在旁邊的衣架上，根本沒有大老闆的做派。

雖然李嘉誠有了自己的事業，而且做得相當成功，但是他從來都不會對人擺架子。無論對待生意上的合作夥伴，還是對待身邊的員工，李嘉誠都平易近人，爲人處世讓各方都很滿意。這些品德幫助他在生意上取得了更大成就，使事業蒸蒸日上。

古語有云：「木秀於林，風必摧之。」一個人取得成功，或者身在高處，難免遭人忌妒，只有行事低調，才能避免樹大招風。如果你不過分顯示自己，就不會遭到別人的敵視，這樣生意才能長久地做下去。

1993年8月，李澤楷沒有接受父親的安排擔任和黃公司總裁，而是要自立門戶，李嘉誠顯得很寬容：「年輕人到底有自己的理想，和黃管理層有人手，我不會強迫他做。」他送給兒子一句話，就是「樹大招風，保持低調」。

李嘉誠爲人謙虛謹慎，毫無風頭意識，盡可能保持低調，他特別忌諱樹大招風。他曾經有感而發：「在看蘇東坡的故事後，就知道什麼叫無故傷害。蘇東坡沒有野心，但就是被人陷害了，他弟弟說得對：『我哥哥錯在出名，錯在高調。』這個真是很無奈的過失。」

20世紀80年代，李嘉誠成了貨櫃碼頭大王，他旗下的國際貨櫃碼頭公司在葵湧港排名第一，葵湧貨櫃港6個碼頭中，有3個歸李嘉誠所有，另外3個碼頭由其他集團經營。1988年4月，李嘉誠以44億港幣在政府招標中投得7號碼頭的經營權，該碼頭有3個泊位。兩年後，國際貨櫃碼頭、現代貨櫃碼頭兩家公司與中國航運公司聯合投得8號碼頭，該碼頭有4個泊位。隨著香港經濟的迅猛發展，國際航運越來越貨櫃化，葵湧現有和興建中的碼頭越來越難以滿足航運業的需求。9號碼頭的選址及招標工作已經推上了議事日程。

李嘉誠對這次招標非常有信心，憑藉他的實力，拿下這次招標不成問題。然而，結果出人意料，政府將9號碼頭的招標方式由公開招標改爲協議招標，9號碼頭的4個泊位，批給了英資怡和與華資新鴻基等財團興建經營。

當時的輿論界普遍認爲，這是港府有意削弱李嘉誠在貨櫃碼頭上的壟斷地位。

李嘉誠面對失利進行了自我反省：「坎坷經歷是有的，心酸處亦不計其數，一直以來靠意志克服逆境；一般名利無法對內心形成衝擊，自有一套人生哲學對待；但樹大招風，是每日面對之困擾，亦夠煩惱，但明白不能避免，唯有學處之泰然的方法。」

李嘉誠除了公益事業方面，一直保持低調。在他的生活中沒有地位高低的概念，待人誠懇、不擺架子，不讓人產生「隔離感」。在消費上，他並不驕奢淫逸、大肆揮霍，這種低調謙遜的作風，讓他遠離了驕傲自大和無知，是他把生意做大做久的重要原因。

3 驕傲遲早會碰壁

李嘉誠是世界華人的驕傲，更是商界人士頂禮膜拜的偶像，這不僅是因爲他擁有巨額的財富，最重要的是他富而不驕的人生態度。

做生意就像是在大海裡行船，時刻都要保持警惕，否則，就會有翻船的可能。所以，在取得勝利的時候，不能滋生驕傲情緒。那麼，李嘉誠在商場中打拚那麼長時間，爲什麼能夠始終保持領先地位，讓集團獲得持續發展呢？歸根結底，在於李嘉誠無論任何時候，都保持著警惕，不讓驕傲自大的想法迷惑那份寶貴的理性。

李嘉誠一開始做推銷員的時候，很是努力，所以業績非常好，得到了老闆的賞識與器重。有一年，老闆按照業績額度分紅，李嘉誠毫無懸念地成爲第一名，而且比第二名的花紅多了7倍多。李嘉誠曾經這樣說過:「我表面謙虛，其實很驕傲，別人天天保持現狀，而自己老想著一直爬上去，所以當我做生意時，就要警惕自己，若我繼續保持這個驕傲的心態，遲早有一天是會碰壁的。」

縱觀商場風雲，那些最終傾家蕩產的人都曾經叱吒一時。把生意做大並不是一件特別困難的事情，難的是克制自己內心的驕傲和自大，特別是在生意順風順水的時候，如果沒有謙遜、警惕的心思，就容易頭腦發熱，遭遇挫折，在失敗中停滯不前。

李嘉誠認爲，在事業順利的時候，大多數的人都會把功勞歸功於自己，由此變得驕傲自大，不可一世，而這就容易導致下一次的失敗。在商場摸爬滾打多年，李嘉誠知道，如果稍微走錯一步，就可能引起重大的失敗，所以面對成功的時候，他沒有一絲的驕傲，也沒有任何的麻痹大意。

高樓大廈建起來的時候很難，可是要毀掉不過是一瞬間的事情。所以成功容易把握，想把自己辛苦打下來的江山守住卻不容易。生意做好了，人們習慣產生驕傲的心理；遇到挫折的時候，則會把失敗歸結爲自己「運氣」不好。但是，李嘉誠反其道而行之，他認爲，當事業順利時，應該把成功歸於「這是運氣好」；當事業不順利時，應想到「原因在於己」。一個商人有這樣的想法才能賺到錢。李嘉誠把生意做得很大，首先得益於他有一顆不驕傲的心。

李嘉誠時刻注意保持頭腦的清醒，不被成功衝昏頭腦。他從來都是把自己的成就以八折來計算，以此壓抑自己的自滿情緒，保持冷靜、理性的頭腦。

李嘉誠時刻都不忘記自己失敗的經歷，任何時候，他都牢記這些教訓，壓制驕傲的想法，提醒自己檢討不合時宜的做法。

他從來不炫耀自己的成就。不論何時何地都保持謙虛的態度，即使成功後也是這樣。李嘉誠在汕頭大學畢業典禮上說過：「希臘哲學家對『卓越』與『自負』有一個非常發人深省的觀念，他們相信每一個人都有責任把自己的潛能發揮得淋漓盡致，但同時，人的內心應有一誡條，不能自欺的認爲自己具有超越實際的能力，系統性誇大變成自我膨脹的幻象，如陷兩難深淵，你會被動地、不自覺地步往失敗之宿命。」

在與學生們分享成功訣竅時提到「自負指數」，他解釋說：「那是一套衡量檢討自我意識、態度和行爲的簡單方法。我常常問自己，我有否過分驕傲和自大？我有否拒絕接納逆耳的忠言？我有否不願意承擔自己言行所帶來的後果？我有否缺乏預見問題、結果和解決辦法的周詳計畫？」

李嘉誠用他真實生動的人生經歷告訴我們，保持一顆謙虛的心是必要的。在創業時期保持謙虛的心，能讓你贏得更多的機會，學到更多的知識；在成功的時候仍然不驕傲，能讓你事業越做越大，否則會處處碰壁，時時碰壁。

第3堂課

要立事先立信

從古至今的商人大致分為兩種，一種是奸佞者。這種人以欺詐之道為人處世，總是想盡歪點子坑人、蒙人，這種人為人所不齒，始終只能做一個小商販。另一種是誠信者。這種人以誠待人，贏得人心；從而成為大商人。李嘉誠正是誠信者，他重視誠信的力量，在做生意的過程中，始終把信譽放在第一位，因此，他在商海中取得了巨大的成功。

1 有了信譽，自然就會有財路

1979年某一天，李嘉誠在記者招待會上宣佈：「在不影響長江實業原有業務的基礎上，長江實業以每股7.1元的價格，購買滙豐銀行手中持占22.4%的9000萬普通股的老牌英資財團和記黃埔有限公司股權。」爲什麼滙豐銀行讓售李嘉誠的和黃普通股價格只有市價的一半，並且同意李嘉誠暫付20%的現金便可控制如此龐大的公司？事後滙豐銀行向記者透露：「長江實業近年來成績良佳，聲譽又好，而和黃公司的業務脫離1975年的困境踏上軌道後，現在已有一定的成就。滙豐在此時出售和黃股份是順理成章的。滙豐銀行出售其在和黃的股份，將有利於和黃股東長遠的利益。我們堅信長江實業將爲和黃未來發展做出極其寶貴的貢獻。」這就說明了，信譽對企業的發展有多麼重要，好的信譽會帶來滾滾財源。

正如李嘉誠自己所說：「人的一生最重要的是守信，我現在就算有10倍多的資金，也不足以應付那麼多的生意，而且很多是別人來找我的，這些都是爲人守信的結果。」

誠信是一個人的立世之本，是商人發家的秘笈。真正的成功者是以誠實爲做人準則，懂得誠實是獲得彼此信任的基石。一個企業的開始意味著一個良好的信譽的開始，有了信譽，自然就會有財路，這是必須具備的商業道德，就像做人一樣，忠誠、有義氣。

企業一般有其特定的顧客和客戶，只有不斷地積累信譽，才能抓住這些合作夥伴，獲得回頭客。不注意自己的信譽，在經營中欺騙顧客，就是在關閉企業利潤來源的大門，到頭來搬起石頭砸自己的腳。

在創業的第五年，李嘉誠準備運一批塑膠玩具給外國客戶，但對方在最後一刻卻突然要求取消訂單。當時李嘉誠並沒有向對方要求索賠，認爲自己的貨物不愁銷路，所以，他很真誠地向對方表示，這次生意不成，以後還有機會，可以建立友好的關係。那次事件過去不久，突然有個美國客戶登門拜訪，訂購了很多塑膠產品，原來該公司的一位高級職員，認識之前突然取消訂單的那位外國客戶，是由他介紹前來找李嘉誠的，說李嘉誠的公司不僅很有規模，而且信譽特別好。李嘉誠以自己的誠信做人，爲自己帶來了滾滾財源。

如果說處於順境時講誠信很容易做到的話，那麼在逆境中，許多人就很難繼續堅持誠信了，正所謂「良心喪於困地」。然而，李嘉誠的誠信卻能一貫堅持。他在1998年接受香港電臺訪問時說道：「在處於逆境的時候，你要自己問自己是否有足夠的條件克服。當我自己處於逆境的時候，我認爲我有足夠的條件！因爲我有毅力……始終堅持以一顆誠心待人，肯建立一個信譽。」

李嘉誠在創業之時就抱定這個信念，並且在後來的經商經歷中，他也證實了這句話。每當事業出現挫折時，他都可以憑藉自己良好的信譽，順利渡過難關，或者改變被動局面。

信譽是做人和企業的基本原則，也是成就事業的基礎。李嘉誠說過：「一個公司建立了良好的信譽，成功和利潤便會自然而來。我們做了這麼多年生意，可以說其中有70%的機會是人家先找我的。」李嘉誠認爲，信譽是企業能否向前發展的關鍵，他說：「無論在香港還是其他地方做生意，信用最重要。一時的損失將來還可以賺回來，但損失了信譽就什麼事情也不能做了。」

總之，辦企業要注重積累自己的信譽，做生意是建立信譽的過程，信用是交易的基礎。在經商活動中，厚道做人，表裡如一，講求信譽，才能廣結善緣，贏得合作夥伴和顧客的信賴。

2 失信一次，就會失去永久

古人說：「人無誠信不可立於世。」李嘉誠被稱爲「儒商」，誠信可以邁向成功，這其實是講商業道德的問題，而誠信正是商業道德的核心，儒家的典範。不講誠信，即使成功那也只能是曇花一現，李嘉誠的商路之所以能經久不衰幾十年，與此有很大關係。

美國成功學大師奧里森・馬登說：「任何人都應該擁有自己良好的信譽，使人們願意與你深交，都願意來幫助你。」誠信是成功的必要條件。也就是說，要想成功，必須先誠信，再加上點別的因素，才能達到。誠信是立身之本。俗話說「誠信走遍天下」，以誠待人、守信於人，才能得到別人的尊重、信任和支持，才有利於營造和諧友善的人際關係，有利於個人的進步和事業的發展。

對於商人來說，信用是非常重要的。李嘉誠成功秘訣的核心只有一個字：誠。正如他所說：「我絕不同意爲了成功而不擇手段，如果這樣，即使僥倖略有所得，也必不能長久。」

做生意就要與人合作，合作必須建立在互相信任的基礎上。你必須給別人一個信任你的理由，別人才會放心與你合作，這個理由可能是你的經濟實力，也可能是你出色的口才，但是最重要的還是信用。如果你是一個從來都不失信於人的人，信用就會成為你最大的資本。

在商業世界裡，有些「精明」的企業做生意時，往往隱瞞己方貨物的不足，以次充好，甚至會採取一些欺詐的手段以假充真，從而使他人受損而自己獲利。這些看似「精明」的做法其實很愚蠢，他們對於經商之道理解得很膚淺，他們雖得到一時之利，卻失去了長久之利，因為他們忽略了一個非常重要的資產——信用。

在商業社會，人與人之間每時每刻都進行著無數場交易，大到數百億的貿易、小到幾塊錢的買賣，生意人賣的就是一個信用。信用是一個公司經營者在長期經營活動中積累起來的良好聲譽，是一種無形的資產，雖不能令人直接獲利，但其對經商行為和經營利潤的影響卻是巨大的。真正聰明有遠見的商人，都會竭力維護自己的商譽，他們所追求的是穩定的顧客和長久的利益。

香港洋參丸大王莊永競說：**「做事情一定要講信用。言而無信，不知其可也。這就等於自己砸自己的招牌。」**一些商人總認為，一次兩次不守信用並無大礙，因此常常會因為一些毫不起眼的小事而失去信用。但是在李嘉誠看來，一個人一次失去了信用，也就永遠失去了他人的信任。他曾經說過：「一個人一旦失信於人一次，別人下次再也不願意和他交往或發生貿易往來了。別人寧願去找信用可靠的人，也不願意再找他，因為他的不守信用可能會生出許多麻煩來。」

做生意到一定階段，就必須要上升到一個境界，尤其合夥生意，一般都是風險共擔、利益均沾的商業夥伴關係，這就需要具有高度的協作精神以及良好的商業信用。李嘉誠做的是大生意，富可敵國，必然有一種根本的經營理念，那就是「信用」。

信用是我們一生都要堅守的東西，因爲一旦我們失信於人一次，就會被貼上不守信用的標籤，也許僅僅因爲這個我們就會失去成功的機會，甚至輸掉我們的一生。如果一個人想使自己的信用破產那是再簡單不過的事情了，即使你一直有誠實守信的歷史，但只要你從現在開始變得糊塗起來，不再把事情放在心上，錯誤不斷，過不了多久，就再沒有人信任你了。

失去信用的危害是巨大的。同樣，擁有信用的好處也是巨大的，信用是成功的一種資本，守信是成功的關鍵之一。當你擁有了守信這頂榮譽之帽時，你的生活、事業乃至人生都將走向成功！

3 承諾之後，便要負責到底

20世紀50年代，李嘉誠剛剛開始創業，經常會經過香港的皇后大道。在那條路上，他幾乎每天都能看到一個外省行乞的婦人，這個婦人從來沒有向他要過錢，但是他每一次都會給她錢。過了一段時間，李嘉誠覺得這個婦人應該有一份正當的職業，而不應該每天乞討。於是，他就詢問她會不會賣報紙，她說有同鄉幹這行，於是李嘉誠約好了日期讓她帶同鄉來見他。

不巧的是，那一天剛好有一個顧客要來參觀他的工廠，李嘉誠必須接待。這可怎麼辦？信守諾言是做人的根本，他深知這一點。於是在與客戶交談的過程中，李嘉誠突然說：「Excuseme！」便匆忙離開了。大家都以爲他去了洗手間。事實上，李嘉誠跑出工廠，駕車奔向約定地點。見到那個乞丐後，他把錢交給了她，並要求她答應一件事，就是要努力工作，不要再讓他看見她在香港任何地方伸手向人要錢。

辦完這件事，李嘉誠又匆匆地趕回工廠，顧客正在焦急地等著他，見他回來說：「爲什麼洗手間裡找不到你？」他笑一笑，這事就過去了。

後來，在一次酒會上，李嘉誠將這件事情原原本本地說了出來。在場的人聽後無一不被他的誠信而感動。事業才剛剛起步的李嘉誠，急需這些訂單，但是爲了不失信於一個素昧平生的乞丐，他甘冒失去訂單的危險，實在讓人敬佩。

無論到了什麼時候，我們都不能透支自己的信用。只有守住信用，才能贏得別人的信賴，獲得別人的支持，生意才能越做越好。

想取得別人的信任，就必須做出承諾，一經承諾之後，便要負責到底。這對於一個商人是至關重要的一環。一個人一旦沒有了信用，交易也就隨之消失了。而一旦失去信用，就永遠別想再找回來了。有句話說得好：「要想找回失去的信用，需要7代人的努力。」7代人，至少需要400年的時間吧。這就意味著信用一旦失去，再想找回來幾乎是不可能的。

答應了別人什麼事情，對方自然會指望著你；一旦別人發現你開的是「空頭支票」，說話不算數，就會產生強烈的反感。「空頭支票」不僅僅增添他人無謂的麻煩，而且也會損害了自己的名譽。所以，對別人委託的事情要盡心盡力地去做。李嘉誠認爲，做生意，說一句算一句，答應人家的事，不能反悔，不然叫人家看不起，以後就吃不開了。

李嘉誠說：「我生平最高興的，就是我答應幫助人家去做事，自己不僅是完成了，而且比他們要求的做得更好，當完成這些信諾時，那種興奮的感覺，是難以形容的。」李嘉誠一生的捐款不計其數，但他與別人完全不一樣，不僅僅是簡單的捐款而已，也不僅僅是其善舉不爲社會所知。而是他捐出款後，考慮是否解決了實際問題，答應幫助別人的事，一定要做得更好，是真心實意地當作自己的使命來完成的。比如，他在汕大不是投入一億兩億了事，而是連教學安排、圖書資料、師生食宿等細微問題，都要一一關照到。

李嘉誠幫助中資公司在香港鼎立、進軍內地房地產市場、投資實業等，在他的一生中，真正把做人與經商密切聯繫在了一起，嚴格要求自己，誠實對待他人，從不失信，令後人敬仰。

4 名譽是你最大的資產

一個商人，最寶貴的是有一個好名聲，俗話說：「雁過留聲，人過留名。」對一個成功的商人來說，名譽是最大的資產，有時比賺錢更重要，良好的聲譽會帶來更多的財富。所以，成功的商人總是時刻注意維護自己的名譽。

李嘉誠視名譽如生命，他看重的實際上是清譽，而非榮譽。他常說：「名譽是我的第二生命，有時候比第一生命還重要。」

在李嘉誠經商的一生中，因其良好的名譽和穩健的作風，成爲著名國際公司的合作對象，他從不會從短期暴利著眼，總是試圖與客戶建立長期的互惠關係。

李嘉誠決定把他所持有的香港電燈集團公司股份的10%在倫敦以私人方式出售，但在計畫進行的過程中，傳來港燈即將宣佈獲得豐厚利潤的消息，因此他的得力助手馬世民馬上建議他暫緩出售，以便賣個好價錢。可是，李嘉誠卻堅持按照原定計劃進行，李嘉誠很認真地說：「還是留些好處給購家吧！將來再有配售時將會較為順利。而且，賺多一點錢並非難事，但要保持良好的信譽才是至關重要和不容易的。」李嘉誠對自己有一個最基本的約束，嚴格要求自己，並非所有賺錢的生意都做。

李嘉誠說，一個有使命感的企業家，在捍衛公司利益的同時，更應重視以正直的途徑謀取良好的成就，正直賺錢是最好。在他看來，做人跟做生意一樣，必須有自己堅守的原則。

李嘉誠無時無刻不在注意維護自己的名譽。隨著李嘉誠的成功，越來越多的傳聞也接踵而來，為了避免損及自身的名譽，李嘉誠總是試圖避免被採訪。據傳，香港記者無一人專訪過他。在香港眾多的記者中，林燕妮名氣不可謂不大，那時她替《明報週刊》作「數風雲人物」訪問，極希望專訪李嘉誠，但總是遭李嘉誠婉拒。萬般無奈之下，林以廣告商的身分去長江實業洽談業務，才接觸到李嘉誠。香港記者寫的有關李嘉誠的新聞報導，多是來自記者招待會或「週邊」採訪。

香港人叫了他10多年「超人」，但他至今不認可這個稱呼，他總是強調自己只是一個普通人而已。李嘉誠從小深受傳統文化的薰陶，因此，李嘉誠時時處處都表現出一派謙謙君子之風，被人稱為儒商。李嘉誠很懂得形象的重要性，尤其是形象的一貫性。當時的香港雖為英國人統治，但實屬華人社會，作風要符合中國人傳統的審美觀。因此，假如行為不慎或者不檢，都會破壞這一形象，從而帶來商業上的損失。

李嘉誠非常熱心慈善事業，他談及自己捐贈的情況：「一個人生活其實很簡單，需要的錢不是很多的，最近國內有人問我一共捐出了多少錢，我一向沒統計，用了三四個星期去查支票本，結果發現總共捐了22億港幣給香港和內地，可能沒人信。」

李嘉誠專職負責捐贈事宜的私人秘書梁茜琪深有感觸地說：「李先生不是那種捐出100萬、200萬，只要有自己的名字就可以的人，他是真心實意去解決這些問題……」潮汕人說，李嘉誠所捐贈修建的各種建築物，均拒絕以他本人和親人的名字命名。

1990年，李嘉誠的夫人莊月明女士去世。剛剛60出頭的李嘉誠，仍然精神矍鑠，身體健康，又擁有萬貫家財，但是李嘉誠的私生活卻始終很檢點，從不放縱自己，與其他緋聞纏身的富商不同，李嘉誠對妻子忠貞不渝，因此也從沒有人敢向他提及續娶之事。

有一次，香港資深女記者林燕妮赴華人行的長江實業總部，與李嘉誠商談廣告事宜。奇怪的是，一坐下來，他談的並非公事，而是澄清傳媒對他的緋聞傳言。

李嘉誠解釋說：「我跟某某港姐絕對沒關係，亦不認識，外邊亂講。地產商不止一個姓李的，傳媒也沒有說是『長江』的李姓地產商，更沒描繪該李姓地產商高高額頭，戴眼鏡，平時好穿黑色西裝，說話帶潮州口音。」林燕妮事後說：「我們是做廣告的，緋聞我們不關心，但他顯然十分介意。」

名譽是一個人最大的資產，創業初期，維護自己的名譽，可以贏得更多人的信賴與支援，對事業的發展有很大的好處；事業成功後，更需要維護自己的名譽，成功的人更容易受到更多的攻擊和中傷，只有潔身自好，才不會被人抓住把柄，才能維護自己的公眾形象，擴大自己的影響力，使生意越來越好。

第4堂課

一流人才最注重人緣

在商場中，人脈決定財脈。一個商人若是善謀人脈，使自己的人脈關係枝繁葉茂，就可進退自如，左右逢源，這樣做生意則會暢通無阻，財源自然會滾滾而來。人脈雖不是資產，卻珍貴於資產。李嘉誠善於謀取人脈，與他合作過的人，大都成為了他的朋友。李嘉誠從良好的人脈關係中獲益良多，人脈是他成功的一根重要支柱。

1 友誼價值千金

李嘉誠說過：「做生意是爲了賺大錢，但只要有門道就可以賺到，而友誼卻很難用金錢來購買啊！」和氣生財，不應該惡鬥，應該在合作中賺錢。即便與對手發生過激烈競爭，在必要的時候也應該放下身段，握手言和。這是經商的大智慧。

在激烈的市場競爭中，既能一起發財，又能保持友情，才能把生意做得更大，也更長久。李嘉誠就是這樣一個在做生意中既掙錢，又講友誼的人。

北美房地產大王李察明曾經一度陷入財務危機，急需找一位重信譽且有實力的人來幫助他渡過難關，並建立長期的合作關係。俗話說：「瘦死的駱駝比馬大。」何況李察明的財務危機只是暫時的，誰不想這樣的好事發生在自己身上呢？

最後，李察明選擇了李嘉誠，李察明說：「我相信李嘉誠的爲人。」爲了表明自己的誠意，李察明將紐約曼哈頓一座大廈40%的股權，以4億多港幣的折扣價拱手讓給了李嘉誠。在這筆交易中，李嘉誠獲得的巨大利潤是不言而喻的，更重要的是，他和李察明也從此建立了深厚的友誼，爲自己事業的發展帶來了更大的空間。

李嘉誠在商界縱橫幾十年，雖然不能說從來沒有和誰有過敵對關係，但是他結識的各方朋友卻數不勝數。李嘉誠自己有一個很有意思的觀點，那就是，只要友誼長在，生意就不成問題。

李嘉誠在做推銷員的時候，就非常注重結交朋友。每當拜訪一位客戶前，李嘉誠都是先將他當做一位朋友，在建立起了良好的友誼之後才談生意上的事。同時，他交朋友也不完全是因爲業務上的關係。李嘉誠說過，這個人今天成不了客戶，也許將來會是客戶，或者這個人不能成爲我的客戶，但他可以向我引薦其他的客戶；即使是與沒有生意關係的人在一起，同樣可以成爲朋友，因爲朋友可以在自己需要幫助時幫著出主意。李嘉誠對人熱情誠懇，樂於助人，聰明又有淵博的學識，大家都樂意與他交朋友。

李嘉誠在與香港房地產老大置地公司爭奪地鐵上蓋發展權的商戰中獲得勝利之後，立刻名聲大噪，受到了各界人士的關注。而李嘉誠在商戰中顯示出的非同一般的智慧和勇氣，也讓人驚歎不已，包括滙豐大班沈弼，也開始對這位地產「新人」刮目相看。

滙豐銀行位居全球十大銀行之中，是香港的金融支柱，被大家看做是香港首屈一指的財神爺。當時，滙豐銀行旗下的物流業舊的華人行已經拆除，滙豐正在尋求誠信可靠的合作夥伴，重新建立新的華人行。華人行在華人中具有很大的聲譽和影響力，而且地處中區黃金地段，幾乎香港所有有實力的華資房地產商人都想盡各種方法爭取和滙豐銀行的合作。

在李嘉誠一炮打響之後，沈弼對他格外關注。經過短時間的觀察，李嘉誠就以他誠實守信的品格和高瞻遠矚的戰略眼光獲得了沈弼的信任。在李嘉誠取得地鐵上蓋發展權不到一個月的時候，沈弼就做出和李嘉誠確立合作夥伴關係，重建新華人行的決定。這對於嶄露頭角的李嘉誠來說，無疑是個千載難逢的好機會。假如能取得滙豐的進一步信任，日後長江實業的發展就會有堅實的後盾和基礎。所以，李嘉誠對此十分珍惜，決心不管花多大代價，也要讓這次聯手成功。

李嘉誠以最快的速度重建了華人行綜合商業大廈，並與滙豐合組華豪有限公司，長江實業集團的總部也遷進新華人行大廈。從此，李嘉誠和他的長江實業正式立足於大銀行、大公司林立的中環地區，在商界的地位也更加引人注目。

擁有誠摯的朋友關係，就會有良好的合作。後來，在李嘉誠收購英資銀行和記黃埔的一系列活動中，沈弼和他的滙豐銀行功不可沒。1985年，李嘉誠更是應邀成爲滙豐銀行的非執行董事。可以說，李嘉誠後來很多成功的商業運作，都和滙豐的支援分不開的。

不要認爲在商場就不可能有真正的友誼，對於一個胸懷寬廣的投資人來講，在商場是沒有絕對的敵人的，即使是競爭對手，也可能因爲某一方面的默契產生「英雄惜英雄」的感情而成爲朋友。建立良好的朋友關係，在很多時候，都會在你前進的道路上，扮演助你一臂之力的角色。

2 多結善緣，自然多得幫助

做生意就是與不同的人打交道。要想得到更多合作的機會，得到更多人的幫助，取得生意上的成功，就必須對人誠懇，做事負責，多結善緣。李嘉誠深受儒家道德思想的影響，注意培養自己真誠、負責、善良的品性。他說：「無論是作爲一個人，還是作爲一個商者，道德始終是第一位的。我能有今天的成績，都是一種個人道德乃至社會道德規範的結果。」

年少時的李嘉誠在一家茶樓做夥計。有一天，他給客人倒水的時候，一不小心，把水灑到茶客的褲腳上。

那時的李嘉誠嚇得呆在了那裡，不知道該怎麼辦。老闆跑了過來，他正準備責罵李嘉誠，卻被這位茶客攔住了：「是我不小心碰了他，不能怪這位小師傅。」茶客一直給李嘉誠開脫，老闆就不好意思批評李嘉誠了，於是不停地向茶客道歉。

年少的李嘉誠打心眼裡感念那位茶客的善心。老闆對李嘉誠說：「我知道是你把水淋了客人的褲腳，以後做事千萬要小心。萬一有什麼錯失，要趕快向客人賠禮，說不準就能大事化了。今天這位客人心善，所以你才免了一劫。」

回到家裡，李嘉誠把這件事情告訴了母親，母親聽完，語重心長地說：「菩薩保佑，客人和老闆都是好人。你要記住，種瓜得瓜，種豆得豆，積善必有善報，作惡必有惡報。以後做任何事情，都要待人誠懇一些，心裡多一些善念，會有好的回報。」

後來步入商場的李嘉誠，一直都記得母親的教導，堅守著做人的原則，始終保持著心中那一份善念，在與人交往中真誠相待，遇到事情敢於負責。這樣一來，別人都對李嘉誠另眼相看，願意跟他交往、合作，甚至主動提供幫助。

有的人很有經商天賦，資金實力雄厚，但是就是做不成生意，原因就在於他個人有問題，沒有給人留下良好印象，不能成爲別人眼裡可以信賴的人。

對人誠懇，做事負責，多結善緣不僅會贏得別人的信賴，更能贏得別人的尊重，爲自己增加無形的資產。主動擔負責任，熱心幫助別人，會讓一個商人獲得前所未有的成功。

李嘉誠在擔任香港潮聯塑膠製造業商會主席期間，做了一件功德無量的事，被香港商界傳爲佳話。

李嘉誠1973年，石油危機波及香港。香港的塑膠原料全部依賴進口，因此香港的進品商乘機壟斷價格，將價格炒到廠家難以接受的高位。年初時每磅塑膠原料是6角5分港幣，秋後竟暴漲到每磅4元或5元港幣。不少廠家被迫停產，瀕臨倒閉。

李嘉誠當時的經營重心已轉移到地產上，因此這場塑膠原料危機對他影響不大，況且，長江公司本身有充足的原料庫存。但李嘉誠毫不猶豫地掛帥救業，在他的倡議和牽頭下，數百家塑膠廠家入股組建了聯合塑膠原料公司。

原先單個塑膠廠家無法直接向國外進口塑膠原料，是因爲購貨量太小。現在由聯合塑膠原料公司出面，需求量比進口商還大，因此可以直接交易。所購進的原料，按實價分配給股東廠家。在廠家的聯盟面前，進口商的壟斷不攻自破。籠罩全港塑膠業兩年之久的原料危機，一下子煙消雲散。

李嘉誠在救業大行動中，還將長江公司的12.43萬磅原料，以低於市價一半的價格救援停工待料的會員廠家。直接購入國外出口商的原料後，他又把長江本身的配額——20萬磅，以原價轉讓給需量大的廠家。危難之中，得到李嘉誠幫助的廠家達幾百家之多。李嘉誠因此被稱爲香港塑膠業的「救世主」。

李嘉誠救人危難的義舉，爲他樹立起崇高的商業形象，不但贏得了人緣、信譽及聲望，實際上也爲他日後發展大業賺大錢埋下了伏筆。試想一下，一個被稱爲「救世主」的人，誰不願意和他做生意呢？

商人要以忠厚爲本，只有對人誠懇才能給人以信任感，建立起長久的買賣關係，才能賺到錢。一個成功的商人必定是君子，而不是小人。那些表面上看來猴精鬼靈的人，是不適合經商的；就算是經商有了點成果，也不過是一些騙錢的騙子罷了，終究還是得不到別人和社會的信任。

古人云：「投之以木桃，報之以瓊瑤。」我們的生活中應充滿真誠，養成真誠待人的習慣，並且也唯有這樣，我們的心靈才會美好而快樂，才會安寧地生活每一天，才會在事業上獲得更多真誠的幫助。

3 不能為了防備壞人，連朋友也拒之門外

商場上爾虞我詐，防不勝防，所以商人精明一點，多防著一點，是無可厚非的。但是，在與別人合作時，太精明而不誠信，會招人討厭，遭人離棄，失去合作夥伴和優秀員工，什麼事也做不成。為了防備壞人的猜疑，算計別人，必使自己成為孤家寡人。

李嘉誠說：「壞人固然要防備，但壞人畢竟是少數，人不能因噎廢食，不能為了防備極少數壞人連朋友也拒之門外。更重要的是，為了防備壞人的猜疑，算計別人，必然會使自己成為孤家寡人，既沒有了朋友，也失去了事業上的合作者，最終只能落個失敗的下場。」

就像不能因為出門會有出車禍的危險而躲在家裡不出來一樣，我們也不能因為所結交的人裡有可能有壞人而拒絕結交朋友。朋友，人脈關係是生意場上制勝的法寶，我們要廣交天下朋友，就算裡面有一部分壞人，那也是微不足道的。

李嘉誠每每談及自己的成功之道時，總是會一再強調良好的處

世哲學和用人之道。「誰是我們的朋友，誰是我們的敵人，這是革命的首要問題。」在李嘉誠看來，與下屬、客戶建立融洽的關係，有了好人緣，大家就會賣力工作，在生意上出力。關係融通了，就會一順百順，生意自然紅紅火火。這都是好人緣帶來的好處。

毫無疑問，李嘉誠之所以成功建立了自己的商業帝國，是因爲他始終明確了這一點：每個人要爭的是預期目標的實現，而非一時的對錯。商場裡，只要有共同的利益，人人都可做朋友，所以不論什麼時候都不能樹敵，就算是壞人，頂多不把他當朋友，千萬不能把他當作敵人。因此，李嘉誠一貫堅持「商場上沒有永遠的敵人」的原則。

當年李嘉誠想要與華資財團再次聯手合作，吞併垂暮獅子置地。但是，當時許多財大氣粗的華商大豪都躍躍欲試，如環球集團的包玉剛，新世界發展的鄭裕彤，新鴻基地產的郭得勝，恒基兆業的李兆基，信和置業的黃廷芳，香格里拉的郭鶴年等。

據說劉鑾雄曾登門拜訪怡置大班西門・凱瑟克，提出要以每股16港元的價格，收購怡和所控25%的置地股權，遭到對方憤然拒絕。一則嫌劉氏太過貪心，出價如此之低；二則劉氏在股市名聲欠佳，怡和不願意把多年苦心經營的置地交付於此等人手中。

其後又有多位大老闆紛紛前往拜訪西門。西門既不徹底斷絕眾獵手的念頭，又高懸香餌，惹得眾人欲罷難休，欲得不能。不過，這些都是傳聞，是真是假，難以分辨。其中流傳最廣的，要數以李嘉誠爲首的華資財團了。

據說，李嘉誠也曾拜訪過西門・凱瑟克，表示願意以每股17港元的價格收購25%置地股權，這比置地10港元的市價要高6元多。雖然西門・凱瑟克對這個出價仍不滿意，但他也未把門徹底堵死，他說：「談判的大門永遠向誠心收購者敞開，關鍵是有雙方都可接受的價格」。於是，李嘉誠等人與凱瑟克繼續談判，雙方一直很難達成一致。

李嘉誠在談判中不想表現得太積極，這也許是他的性格使然。所以，同收購港燈時一樣，他有足夠的信心等待有利於他的機遇降臨。此時，股市一派新氣象，按股市一向的「低進高出」現象，這個時候不是股市吸納的好機會。或許，氣氛活躍的股市也並不能持續多久。

果然不出李嘉誠所料，不久扶搖直上的香港恒指，受華爾街大股災的影響，突然狂瀉。1987年10月19日，恒指暴跌420多點，被迫停市後於26日重新開市，再瀉1120多點。股市愁雲籠罩，令投資者捶胸頓足，痛苦不堪。

整個香港商界股市硝煙瀰漫，股市大亨們驚恐萬狀，大家爲了尋求自保，誰也沒有能力再參與這場股市大收購了，此時自救乃當務之急。置地股票跌幅約四成，令凱瑟克寢食難安。

1987年李嘉誠的「百億救市」，成爲當時黑色股市的一塊亮點。證券界揣測，其資金用途，將首先用做置地收購戰的銀彈。然而事實證明，李嘉誠並沒有這麼做。

這次收購雖然最終沒能成功，但是李嘉誠的這種生意場上只有對手，沒有敵人的做法卻值得稱道。因爲投資不可以意氣用事，關鍵時刻，幫助別人就等於幫助自己，在一般情況下，這也許是真正投資家的做法。在這個意義上，可以說李嘉誠退出收購，「百億救市而又退出」反而是一種勝利。

4 指出我們錯誤的人，才是真正的朋友

想要在生意場上取得成功，必須有人相助，這部分人就是朋友。朋友可以在你創業初期，幫助你排除萬難，走上正軌；朋友可以在你的事業如日中天、有點得意忘形時，提醒你潛在的危機；朋友可以在你的事業處於低谷、有點意志消沉時，主動拉你一把，讓你重新振作起來。

李嘉誠認爲，一個人本事再大、能力再強，如果身邊沒有提出中肯意見的朋友和生意夥伴，那麼註定做不成大買賣，要想持續成功也是一種奢望。

那麼，什麼樣的朋友才是真正的朋友？那些與你在酒桌上稱兄道弟的人，不是朋友；那些在你成功時，三天兩頭找你，失敗時，不見蹤影的也不是朋友。這些人充其量只是在利益的誘惑下，暫時組合的「朋友」。當利益不復存在時，這個組合也就隨之解散。

什麼是真正的朋友？李嘉誠有自己的看法。他認爲，一個人要多一些諍友，敢於當面說出你的錯誤，指正你的不足，有了這種朋友，你才能進步。李嘉誠指出，那些私下忠告我們、指出我們錯誤的人，才是真正的朋友、真正愛我們的人。李嘉誠從一個一窮二白的窮小子變成商界精英，取得巨大成功，離不開朋友的幫助。

任何一項事業的完成，絕對不可能是單獨一個人的力量所造成的，即所謂眾志成城。凡是參與這件成功事業的人，都是我們的夥伴和朋友，跟我們息息相關。李嘉誠在這件事情上就做得非常好，

不論到了什麼時候，他都不會忘記朋友，所以跟他合作過的人都成了他的朋友。

在生意場上，朋友不可或缺，所以，我們應該在平時就注意結交這樣的朋友，不要「平時不燒香，臨時抱佛腳」。古人說：「君子之交淡如水，小人之交甘若醴。」真正的朋友不需要整天在一起，但是也不能忽略，要時常保持聯繫。如果彼此長時間不聯絡，恐怕再好的哥們也會生疏。所以，想要在關鍵時刻獲得朋友的鼎立支持，平時就一定要多「走動」。

真正的朋友講究肝膽相照，榮辱與共。在任何情況下，都不能捨朋友而去，不能只講索取，不講回報，需要朋友幫忙的時候熱忱相待，不用的時候馬放南山。與朋友保持日常聯繫並不難，也不會花費過多的時間和精力。嘗試著把這種聯絡做爲一門日常功課，就能獲得「眾人拾柴火焰高」的預期效果。

我們要明白，真正的朋友是那些私下忠告我們、指出我們錯誤的人。雖然他們的忠告或者建議有時會讓我們下不了臺，但是卻是對我們有利的，這些忠告有可能對我們的經商或多或少是有幫助的，吸取了這條意見，有可能就會使一樁買賣反敗爲勝。

朋友是交在平時，用在關鍵的。真正善於利用關係的人都有長遠的眼光，早作準備，未雨綢繆。想要獲得朋友的幫助，平時就要注意去結交朋友，多多聯繫，主動關照。

5 跟我合作過的人都成了好朋友

香港《文匯報》曾刊登李嘉誠專訪，主持人問道：「俗話說，商場如戰場。經歷那麼多艱難風雨之後，您為什麼對朋友甚至商業上的夥伴，都十分地坦誠和友善？」李嘉誠答道：「最簡單地講，人要去求生意就比較難，生意跑來找你，你就容易做。」

李嘉誠說：「講信用，夠朋友。這麼多年來，差不多到今天為止，任何一個國家的人，任何一個省份的中國人，跟我做夥伴的，合作之後都能成為我的好朋友，從來沒有一件事鬧過不開心，這一點我是引以為榮的。」商場上，人緣和朋友顯得尤其重要。李嘉誠生意場上的朋友多如繁星，幾乎每一個有過一面之交的人，都會成為他的朋友。

對於這點，最典型的例子，莫過於和老競爭對手怡和。李嘉誠鼎助包玉剛購得九龍倉，又從置地手中購得港燈，還帶領華商眾豪「圍攻」置地，李嘉誠並沒有為此與紐璧堅、凱瑟克結為冤家而不共戴天。每一次戰役之後，他們都握手言和，並聯手發展地產項目。

李嘉誠說：「要照顧對方的利益，這樣人家才願與你合作，並希望下一次繼續合作。」追隨李嘉誠多年的洪小蓮，談到李嘉誠的合作風格時說：「凡與李先生合作過的人，哪個不是賺得盤滿缽滿！」

生意人要樹立對人際關係長期投資的觀念。有些短期內看似不重要的人和事，長期看就可能很重要，所以精明的生意人如果能把錢適時地投在人才上面，投在一些比較有能力的朋友身上，回報必定遠遠超過投入。

善待他人是李嘉誠一貫的處世態度，即使對競爭對手他亦是如此。我們知道，商場充滿爾虞我詐、弱肉強食，關於善待他人這點，不少人認爲是不可能的事。在李嘉誠看來，善待他人、利益均沾是生意場上交朋友的前提，誠實和信譽是交朋友的保證。正如在積累財富上創造了奇蹟一樣，李嘉誠的人緣之佳在險惡的商場同樣創造了奇蹟。所以，李嘉誠在生意場上只有對手而沒有敵人，不能不說是個奇蹟。

俗話說，「一個籬笆三個樁，一個好漢三個幫」「在家靠父母，出門靠朋友」，做生意要重視人緣，善於發展朋友關係，大家開開心心，才能都有利可圖，絕對不要因爲利益鬧得不歡而散。

李嘉誠能夠讓每一個與他合作的人都成爲他的朋友是做人的勝利，有其獨特的心得和體會。

1.與人合作時，要堅持「共用共榮」

李嘉誠認爲，商業合作應該有助於競爭。聯合以後，競爭力自然增強了，對付相同的競爭對手則更加容易獲得勝利。但是當取得勝利後，一方不能擺脫另一方，獨自享有勝利的果實，那樣合作關係就會破裂，合夥人就會變成仇人。

2.要同舟共濟，共渡難關

合作關係不只要互惠互利，更要共渡難關。在出現問題和危機時，決不能拋開合夥人。

3.財散人聚，善於分享的商人更能做成大買賣

古語說，天下熙熙，皆爲利來；天下攘攘，皆爲利往。千百年來，商人們抱定一個宗旨：無利不起早，沒有利潤的事情是商人們所不願意涉足的。因此，李嘉誠在生意合作中總是抱著「分利於人，則人我共興」的態度，與他人積極合作。

有句話說得好，財散人聚。對於經商，中國人一直以謀求利益爲經商之目的。你把利益與別人分享，就會贏得信賴、聚集人心，這樣一來，自己的業務範圍、合作夥伴才會越來越多，生意才會越做越大。與人分利、誠實經商，是李嘉誠獲得成功的重要秘訣。

人脈就是在生意合作中不斷積累起來的。我們要善於將自己的合作人由一次性的利益聚合變成長期的合作夥伴或朋友。這樣，在我們的周圍就不再是虎視眈眈的眼睛，就爲自己創造了一個良好的環境，生意也就會越做越大。

第5堂課

年輕人當志存高遠富有眼光

哲學家王守仁說：「志不立，天下無可成之事。」「志不立，如無舵之舟，無銜之馬，漂蕩奔逸，終亦何所底乎？」年輕人想要擁有財富首先就要立志。立志高遠，才能激勵自身，激發潛能。跑堂出身的李嘉誠最終能夠擁有巨額的財富，雖然起點很低，但是志向遠大，他發誓一定要成為一名實業家。在志向的指引下，李嘉誠一步步走向成功。

1 有志，有識，有恆

李嘉誠說：「人，第一要有志，第二要有識，第三要有恆，有志則斷不甘為下流。」人生沒有志向，豈不是荒野漫步？人生沒有知識，豈不是瞇眼走路？人生沒有恒心，豈不是半途而廢？想要成就大事，就必須有志，有識，有恆。

李嘉誠談到自己從商的經歷，深有感觸地說：「創業之初，你是否有資金都無關緊要，重要的是你有夢想，並且不會輕易改變這種創業的信念，它是你迎戰艱難、屢敗屢戰的精神動力。而後在實踐中學習知識、總結經驗，並把這種熱情持續下去，離成功就不遠了。」

想要成就大事，首先就要立志，有了志向才會不甘於下流。沒有志向的人，就沒有努力的方向。有了志向，就會有奮鬥的動力。立志是人生的第一步。

時局動亂，年幼的李嘉誠跟隨父親逃亡到香港。14歲那年，父親病倒了，李嘉誠作為長子，挑起了生活的重擔。一開始李嘉誠在一家茶樓做夥計，一年後，進入舅舅的鐘錶公司。1946年年初，17歲的李嘉誠突然離開勢頭極佳的中南公司，去了一間小小的名不見經傳的五金廠，做行街仔。這個時候，李嘉誠的舅舅莊靜庵已經看出李嘉誠其志不小，不甘於平庸。

果不其然，沒過多久，李嘉誠就跳槽到塑膠公司。他很快成為公司出類拔萃的推銷員，18歲當部門經理，20歲升為總經理，深得老闆器重。正當他春風得意的時候，再一次做出了令人吃驚的舉動——他又一次要離開。

很快，李嘉誠就組建了自己的塑膠廠——長江塑膠廠，由此打開了他的創業之路。從此以後，芝麻開花節節高，生意越做越大，越做越好，成就了現在的李嘉誠。

志向是前進的方向，有了志向之後，就要提高自己的能力，儘快達到自己的目標。有了自己創業的志向，李嘉誠就開始利用一切機會學習從商的知識，積累從商的經驗。無論是與人打交道，還是學習書本知識，李嘉誠橫下一條心，把心中遠大的理想化爲實際行動，一步步接近成功。

逃難來到香港的李嘉誠遇到的最大障礙，就是語言不通。香港流行的是粵語，官方語言是英語，而李嘉誠只會說潮汕話。語言不通讓他在香港寸步難行。李嘉誠把學廣州話當一門大事對待，他拜表妹表弟爲師，勤學不輟。他年紀輕，很快就學會了一口流利的廣州話。

困難的是英語關。李嘉誠進了香港的中學念初中。香港的中學，大部分是英文中學，即使中文中學，英文教材也占半數以上。爲了彌補自己的不足，李嘉誠努力地學習英語。李嘉誠學英語，幾乎到了走火入魔的地步。上學放學路上，他邊走邊背單詞。夜深人靜，李嘉誠怕影響家人的睡眠，就獨自跑到戶外的路燈下讀英語。天濛濛亮，他一骨碌爬起來，口中念念有詞，還是英語。

李嘉誠天賦高，記性強，經過一年多刻苦努力，終於逾越了英語關，能夠較熟練運用英語答題解題。

李嘉誠在工作中依然勤奮學習，他經常把一些東西記在卡片上，一有時間就拿出來看。在舅舅鐘錶廠時，他利用打雜的空隙，跟師傅學藝。他心靈手巧，僅半年時間就學會各種型號的鐘錶裝配及修理。後來在塑膠廠，他雖是經理，依然經常到車間工作。

正是李嘉誠的勤奮好學，使他創業的理想逐步實現，最終取得成功。要取得成功，除了志向和學識以外，還需要有恒心。任何事情都不是一蹴而就的，任何事情都不是一帆風順的，特別是創業。創業的路上，佈滿了荆棘，沒有持之以恆的耐心，任何人都不可能取得成功。

李嘉誠創辦長江廠之後，一直穩紮穩打，工廠發展的還算是順利。但是由於生產的塑膠產品有品質問題，長江廠一度陷入絕境。面對困境，李嘉誠沒有氣餒，而是積極想辦法度過危機，通過一系列的措施，長江廠終於擺脫危機，再次走上正軌。經歷過這次挫折和磨難，李嘉誠又成熟了許多，他明白長江號航船，只能說暫時避免了傾覆之危，只能說取得一次小小的勝利。今後的航程，還會遇到急流險灘、暗礁風暴，作爲船長，切不可陶醉在小小的勝利之中，須胸懷大志，頭腦冷靜，行爲穩重。

李嘉誠從一無所有，到富可敵國，這種過程離不開志向、知識與恒心。其實，這是任何一位白手起家的商人成功的秘訣。

2 我很多時間是在想十年後的事

一個企業是否有發展前途，與領導人的能力又莫大關係。作爲一個公司的領導，要做的就是謀篇佈局，爲公司以後的發展做出規劃。所以作爲一個商人，就不能把時間浪費在眼前的事情上，而是應該思考明年、5年、甚至10年後的事情。給公司一個長遠的發展規劃，把現在的工作建立在將來的目標上。

和記黃埔本是一家老牌英資企業，20世紀80年代初被李嘉誠的長江實業收購，組成長和系。在李嘉誠的領導下，和黃致力業務多元化及國際化，現已發展成爲一個包括港口、電訊、地產、零售及製造、能源及基建等五大核心業務在內的綜合型跨國企業。

在一次記者會上，李嘉誠談及和黃成功的原因，他說，電訊業務是未來集團的發展重點，他已知道5年後和黃要做什麼。同時，李嘉誠之子、和黃集團副主席李澤鉅也談到，做生意的時間規限是5年、10年，不是一年、兩年，長實有些項目也是7年才有收成。可以說，著眼於未來、善於把握趨勢是和黃成功的主要原因之一。

1989年，和黃通過收購一家英國電訊公司，涉足英國電訊市場，但卻出師不利，處於長期虧損狀態。當時和黃在英國推出的CT2電訊服務，名爲「兔子」，由於只能打出，不能打入，較同期其他技術遜色，因此不能吸引更多的客戶，其產品類比式電話價格迅速下跌。「兔子」只好宣佈死亡，和黃也身受重傷，爲此撇賬14.2億港元。

其後，和黃又於1994年投資84億港元成立Orange，推出個人通訊網路。起初也不被業界看好，唯恐是CT2的翻版，然而後來卻漸漸被消費者所接受，手提電話的銷售不俗。

1996年4月，Orange在英國上市，隨即成爲金融時報指數100的成分股，打破最短日期成爲成分股的紀錄，同時也爲和黃帶來41億港元的特殊盈利，並已收回種「橙」的全部投資。該股份至今雖未有盈利，但股價卻比上市時提高了6成多，其市值也由當時的200多億港元增至2000多億港元。

到1997年，Orange的英國客戶突破了100萬，成爲英國第三大流動電話商。1998年2月，和黃出售4.3%的Orange股份，套現53億港元，加上併購交易所得的220億港元現金、220億港元票據，以及650億港元的德國電訊公司股票，估計和黃在這棵「橙」樹上的回報已超過10倍以上。

和黃在電訊行業的發展並不是一帆風順的。在投資英國電訊市場初期，由於長期處於虧損狀態，受到海內外證券業的不斷批評，甚至有人認爲和黃在英國的這項業務到20世紀末都不會有收穫。即使是經營Orange，也是歷經數年的奮鬥才有今天的結果。李嘉誠憑著對未來趨勢的正確分析與把握，堅持不放棄，在市場普遍對該項業務不看好的時候，他曾經親自出面澄清市場上的傳言，表示將繼續支援在英國的電訊業務。果然，和黃集團最終從「橙」身上取得了驚人的回報。

這種前瞻未來的作風，使李嘉誠的事業在競爭激烈的商場上屢次取得引人矚目的成功。

20世紀60年代，靠經營塑膠花起家的李嘉誠，在此行業仍如日中天時，毅然出售其業務，改爲投資地產業，奠定了他成爲巨富的基礎。到了90年代中期，李嘉誠又是香港大地產商中最早認識到地產業暴利時代已經過去的人，他在不停地出售手上即將落成的住宅物業的同時，積極向海外電訊業發展。

除投資英國外，和黃集團還向美國等國家的電訊市場進軍。例如，1997年，和黃斥資24億多港元，入股美國電訊公司WWC；1999年，和黃又宣佈分拆以色列電訊在英美上市。

在完成出售Orange交易以後，和黃集團持有德國最大電訊公司Mannesmann10.2%的股權，後者是目前歐洲最大的流動電話商，其在歐洲的電訊業務將通過該公司發展經營。在有記者問到出售Orange之後，和黃集團的環球電訊業務長期發展策略是否會有變化時，李嘉誠說，該集團仍會繼續進行相關投資，並對其他國家的電訊業務感到興趣。同時他還表示，長實集團和和黃集團一定會參與高科技。此外，和黃集團的五大核心業務基建、電訊、地產、進口及零售表現良好，未來將會繼續發展。

李嘉誠的成功向人們道出了一個事實，那就是企業要想發展，就必須著眼於將來。聰明的商人總是會把時間花在考慮未來的事情上，即使中途遇到什麼困難，也會堅持到底，取得最後的成功。

只要充分掌握市場狀況，對這一行業未來至少是一到兩年的發展前景有了預測，那麼你面對每一件事情，就會簡單得多、準確得多。

3 最重要的是遠見

李嘉誠認爲，想要投資成功，就必須比別人看得更遠，有時候甚至要與潮流反著走才有可能獲得成功。正是本著這個原則，李嘉誠不僅沒有在一次次危機中有所損失，反而賺得盆滿缽盈。

1966年，持續低迷的香港房地產業出現了一絲恢復的曙光，地價房價開始回升。銀行經過一段時間的休養生息，逐步恢復了資助房地產業的能力。此時，所有鬱悶已久的香港房地產商都紛紛開始投資樓盤。但很不幸的是，這時中國大陸的「文化大革命」開始波及香港，並觸發了香港的「五月革命」。一時間，整個香港都陷入惶惶不安之中，又一次大規模的移民潮爆發了。

移民潮中以富人爲多，爲了盡可能地挽回損失，他們將自己手中的產業低價拋售。當時李嘉誠手上也有大量無法出脫的產業和樓盤，搞得他憂心忡忡。

但是他並沒有忙著拋售手中的樓盤，而是密切注意事態的發展。香港傳媒對於那一場錯誤的災難透露的全是反面消息，而李嘉誠卻經由從大陸群眾組織通過多種管道流傳到香港的小報，獲取了重要的資訊：大陸春夏兩季的武鬥高潮自8月起就已經得到有效控制。那麼，香港的「五月革命」也應該不會持續太長時間了。

在獲得確切的消息後，李嘉誠做出了一個被人們看做是驚天動地的決定：大量收購樓盤。消息一出，李嘉誠的朋友都爲他感到擔心，而同行業的人則抱著看笑話的態度靜觀事態的發展。

隨後的事實證明，李嘉誠看似瘋狂的決定是正確的，大陸的「文化大革命」平息後，香港經濟社會各方面開始逐步恢復，移民潮也逐漸衰退平靜。但是，很多已經移民海外成功的業主，仍然急於將沒有出手的住宅、商店和廠房賤賣出去，李嘉誠對此幾乎是照單全收。他將買下的舊屋翻新出售，同時利用房地產低潮和建築費低廉的良機，在自己的地盤上大興產業。

到1970年香港百業復興，房地產市場也步入繁榮的時期，李嘉誠所擁有的租賃產業，已經從最初的12萬平方英尺發展到35萬平方英尺，每年大約有390萬港幣的租金收入。而那些在形勢好時，瘋狂投資樓盤，出現問題時，又瘋狂拋售的房產商們卻是啞巴吃黃連——有苦說不出。

做生意最忌諱那種殺雞取卵的短視行爲。任何時候都要保持理性，認真分析形勢，做出正確的判斷，才能趨利避害，做好生意。

20世紀60年代，香港股票市場，形勢一片大好，甚至出現一陣「要股票，不要鈔票」的投資狂潮。普通的市民賣掉自己積攢多年的金銀首飾，商人賣掉自己的工廠、房屋、汽車和土地，將可能到手的資金全部投入股市，甚至還有大商人將自己爲建造房屋樓宇所籌集來的貸款也拿來炒股，夢想著能夠在一夜之間暴富。

1973年爆發了一場世界性的石油危機，香港經濟受到了很大影響，出口市場大部分萎縮，股票市場也因此受到前所未有的打擊。除此之外，一批不法之徒趁著混亂僞造股票，東窗事發後又引起更大的恐慌。很多股東大量拋售股票，使股市一瀉千里。

在這場巨大的災難中，香港股市哀聲一片，絕大部分投資者都遭受了慘重的損失，很多人一夜之間傾家蕩產。整個香港經濟，尤其是占主導地位的金融業和房地產業更是慘不忍睹。

好的時候不要看得太好，壞的時候不要看得太壞。最重要的是要有遠見，殺雞取卵是短視的行爲。想要做好生意，就時刻保持冷靜，透過表面現象，看到未來的發展趨勢，理性地投資。

4 做任何事，都應有一番雄心壯志

取得成功的先決條件就是要有成事的勇氣。只有有勇氣，才能激發無限潛能；只有有勇氣，才能不畏艱險。所以，做任何事情之前，都必須有一番雄心壯志，這樣，才容易取得成功。雄心壯志是遠大的目標與殷切的期盼，不論在什麼崗位上，不論做什麼樣的事，只要有了雄心壯志，就一定能夠成功，能夠有所作爲。

年幼時的李嘉誠經歷坎坷，一開始的他在一家茶樓工作。雖然只是一個夥計，但是他依然擁有雄心壯志，不因職位低下而頹唐。李嘉誠每天都把鬧鐘調快10分鐘響鈴，最早一個趕到茶樓。調快時間的習慣一直保留到今日，他做任何事，都走在時間的前面。

茶樓裡，三教九流的人物都有，每天聽茶客們談古論今，成了李嘉誠最大的享受。從茶客們的談話裡，李嘉誠發現，世界原來是這麼錯綜複雜，異彩紛呈。李嘉誠的思維不再單純得如一張白紙。

就因爲擁有壯志雄心，李嘉誠沒有像其夥計一樣，默默無聞，而是不斷地吸收有益的資訊，爲自己以後的發展，奠定基礎。

後來李嘉誠來到塑膠廠做推銷員。當時塑膠褲帶公司有7名推銷員，數李嘉誠最年輕，資歷最淺，另幾位是歷次招聘中的佼佼者，經驗豐富，已有固定的客戶。在這樣的情況下，李嘉誠並沒有失去壯志雄心，他是一個不服輸的人，他不相信自己會比別人差。於是，他給自己定下目標，即3個月內，幹得和別的推銷員一樣出色；半年後，超過他們。

憑藉著這股勁兒，李嘉誠在加盟塑膠公司後，僅一年工夫，就實現了他的預定目標。他超越了另外6個推銷員，那些經驗豐富的老手也難以望其項背。老闆拿出財務的統計結果，連李嘉誠都大吃一驚——他的銷售額是第二名的7倍！全公司的人，都在談論推銷奇才李嘉誠，說他「後生可畏」。18歲的李嘉誠被提拔爲部門經理，統管產品銷售。兩年後，他又晉升爲總經理，全盤負責日常事務。

時刻保持壯志雄心，使李嘉誠不斷在新的崗位與新的領域取得巨大的成功。一次次地實現了超越，贏得了輝煌的人生。

1950年夏，李嘉誠在筲箕灣創立長江塑膠廠，開始走上了獨立創業的道路。李嘉誠在走上獨立創業的道路時，就確立了宏大的志向，從其爲其工廠所取的名字，就可以看得出來。他先後取了幾十個廠名，最後確定爲「長江」。其寓意是：「長江不擇細流，故能浩蕩萬里。長江之源頭，僅涓涓細流，東流而去，容納無數支流，形成汪洋之勢，日後的長江塑膠廠，發展勢頭也會像長江一樣，由小到大。長江是中國的母親河，是中華民族的驕傲，未來的長江集團，也應該爲中國人引以自豪。長江浩蕩萬里，具有寬闊的胸懷，一個有志於實業的人，理當揚帆萬里，破浪前進，去創建宏圖偉業。」

李嘉誠知道，開弓沒有回頭箭，既然選擇了自主創業，就必須認真走下去，認真走好。在李嘉誠以後幾十年的商場生涯中，他一直都沒有忘記自己的雄心壯志，做任何事情時，都保持一顆充滿激情的心。成爲塑膠大王，果斷進軍房地產業，入主和記黃埔，合力戰置地，跨國投資。這一樁樁，一件件事，如果沒有雄心壯志，一件也不可能完成。

5 只要快一點，便是贏

時間就是金錢。現代社會，競爭激烈，想要在生意場上勝出，就必須合理地掌控時間，充分利用時間，事事搶在別人的前頭，勝利就是屬於你的。李嘉誠說：「在競爭激烈的世界中，你付出多一點，便可贏得多一點。好比在奧運會上參加短途賽，雖然是跑第一的那個贏了，但比第二、第三的只勝出少許，只要快一點，便是贏。時間永遠是最寶貴的，如果在競爭中，你輸了，那麼你輸在時間；反之，你贏了，也贏在時間。」

「效率就是生命」，合理地利用時間就是提高效率。不要把時間浪費在無用的事情上，做事切忌拖拖拉拉，能用一分鐘做完的事情，決不用兩分鐘。高爾基曾經說過：「世界上最快而又最慢，最長而又最短，最平凡而又最珍貴，最容易被人忽視，而又最令人後悔的，就是時間。」我們每個人都要珍惜時間。只有做到這一點，我們才能抓住世界上最珍貴的東西，才不會讓自己感到後悔。

李嘉誠就是一個非常重視時間的商人。年輕時的李嘉誠有一個習慣，那就是每天睡覺之前都要仔細地思考一下，自己一天到底做過哪些事情，是否有虛度時光。有時候，爲了偶爾一次的中午小憩，他就覺得非常內疚，認爲自己是在浪費大好時光。長此以往，現在的李嘉誠就養成了中午不睡覺的習慣，只要中午發睏，他就會喝咖啡提神。

對待員工，李嘉誠也是要求他們不要浪費時間。他經常告誡員工，要充分利用日常的每一分鐘，即使一分一秒也不要白白地浪費掉。

在現代社會裡，經商更講究效率。只有直接進入主題，乾淨俐落地解決業務上的事情，才能爲自己留下更多的思考時間。對於一位成功商人來說，能夠意識到時間的寶貴，將時間最大限度地充分運用是非常重要的。生意場上也是在高速運轉，一拖遝就會影響全域。很多生意都是「過了這個村，就沒有這個店」，記住：時不我待。

李嘉誠做事向來乾脆利索，從來不會拐彎抹角。他與人談生意，都是直奔主題。他非常討厭那些說話雲裡霧裡，讓人聽半天也摸不著頭腦的人。他認爲那種不緊不慢，講半天仍然不知所云的商人是不可能成功的，因爲他所有的時間都浪費在說話上。在李嘉誠看來，一名合格的商人就應該具有視時間如生命的精神。

惜時如金是李嘉誠發家致富的另一個成功秘訣。在他的商場生涯裡，幾次重大的投資都是靠著他對時間的準確把握，一舉戰勝對手，獲得最大的經濟效益。

收購九龍倉，並購和記黃埔，每一次他都是乾淨俐落地完成。他的成功就在於懂得掌握時機，趁低吸納，二來速戰速決，在最有利情況下達成交易。時間對於李嘉誠來說，比自己的生命還重要，比對手快一步，哪怕是一秒鐘，也對最後的結果起決定性的作用。

李嘉誠做事向來雷厲風行，從不拖遝。他曾經說：「我開會很快，45分鐘。其實是要大家做功課。當你提出困難時，請你提出解決方法，然後告訴我哪一個解決方法最好。」而且，李嘉誠還有一個習慣——他的手錶總是撥快15分鐘，每天早晨5：45分起床，聽6點鐘的早間新聞。此外，李嘉誠從不在網上浪費時間，在上面也就是查查最新的資訊以及看看公司的有關資料。

世界汽車大王亨利・福特曾說：「根據我的觀察，**大多數人的成功就是在別人浪費掉的那些時間裡取得的。**」這句話用在李嘉誠的身上再合適不過。他從一名學徒登上華人首富寶座，決非靠一朝一夕或一蹴而就的運氣，而是他長期奮鬥，惜時如金的結果。

李嘉誠說：「從事商業的人，需要有春宵一刻值千金的惜時觀念，他們往往具有男性氣概，不捨得在細節上浪費時間，如果連職員的小動作都要干涉的話，這樣的人絕對無法做個理想的公司老闆。所以，李嘉誠從來不會過問公司的細節問題，他充分信任自己的下屬，總是很放心地將公司經營的許多事情都交給底下的重要助手去辦理。而他自己總是思考關於公司發展前途的重大決策。正是靠著這種高效率的工作模式，他旗下的長江實業與和記黃埔才有了今天的規模。

威廉・沃德說：「我們不做時間的主人，就要做時間的奴隸；我們若不利用時間，時間就會把我們耗盡；成功的人與不成功的人之間的差別不是他們擁有的時間多少，因爲每個人每天都有24小時，而是如何利用。」對於一個商人來說，事業能否成功，公司能否有所發展，跟時間管理息息相關。善用時間就是善待生命，作爲生意人。一定要精明地利用時間。

第6堂課

成功90%靠勤奮

成功的秘訣有很多，但最核心最根本的還是勤奮，其餘的都是建立在勤奮基礎之上的。運氣在成功的過程中有催化的作用，但是只有勤奮的人，才會得到上帝的眷顧，擁有好運。李嘉誠從一個一名不文的人成為縱橫商業帝國的商人，這是一部真正的奮鬥史。李嘉誠出身貧寒，既沒有資本供他運作，又沒有人脈供他使用，同時還沒有技術作為支持，然而他憑藉著勤奮逐漸擁有了成功的條件，最終取得了成功。

1 人家做8個小時，我就做16個小時

我們總是試圖挖掘成功的秘訣，但是秘訣究竟是什麼，我們卻難以說得清楚。事實上，說穿了，秘訣就是兩個字——勤奮。「艱難困苦，玉汝於成」，只有不懈地努力才能成就人生。李嘉誠說：「人家做8個小時，我就做16個小時。」這句話就道出了李嘉誠成功的原因，他把別人休息的時間都用在了學習和工作上，自然會比別人更成功。

李嘉誠進舅父的公司，舅父不因爲嘉誠是外甥而特別照顧。李嘉誠從小學徒幹起，初時還不能接觸鐘錶活兒，做掃地、煲茶、倒水、跑腿的雜事。李嘉誠在茶樓受過極嚴格的訓練，輕車熟路，做得又快又好。

後來，李嘉誠被調到高升街鐘錶店當店員。嘉誠在茶樓，已學會與人打交道，進中南公司，經過裝配修理的學藝，對各類鐘錶瞭若指掌，他很快就掌握鐘錶銷售，做得十分出色。與李嘉誠同在高升街鐘錶店共事的老店員，接受記者採訪時介紹道：

「嘉誠來高升店，是年紀最小的店員。開始誰都不把他當一回事，但不久都對他刮目相看。他對鐘錶很熟悉，知識很全，像吃鐘錶飯多年的人，誰都不敢相信，他學徒才幾個月。當時我們都認爲他會成爲一個能工巧匠，也能做個標青（出色）的鐘錶商，還沒想到他今後會那麼威水（顯赫）。」

其實李嘉誠在茶樓打工的時候，就十分好學，常常利用短暫的

空閒默讀英語單詞。他怕遭茶客恥笑和老闆訓斥，總是靠牆角，迅速掏出卡片溜一眼。他深知眼下吃飯比求知更重要，只能給自己定下最低目標——不遺忘學過的單詞。

後來李嘉誠進入塑膠褲帶公司，爲了做得好，他每天都要背一個裝有樣品的大包出發，乘巴士或坐渡輪，然後馬不停蹄地行街串巷。李嘉誠說：**「別人做8個小時，我就做16個小時，開初別無他法，只能以勤補拙。」**

李嘉誠不屬那種身強體壯的後生仔，而像文弱書生，背著大包四處奔波，實在勉爲其難。幸得他做過一年茶樓跑堂，拎著大茶壺，一天10多個小時來回跑，練就了腿功和毅力。他在茶樓養成了觀察人的嗜好，現在做推銷正好派上用場，他在與客戶交往之時，不忘觀顏察色，判斷成交的可能性有多大，有沒有必要「蘑菇」（拖拉）下去，自己還該做什麼努力。

千里之行，始於足下。創業後的李嘉誠依然保持腳踏實地，不動聲色去實現他的抱負。「勤能補拙」，仍是他初做「行街仔」的老作風，每天工作16個小時。他不認爲自己有超常的智慧。

他每天一大清早就要出去採購原料和推銷產品；中午回到公司，檢查員工工作，簡單地吃頓飯，又要出去；到了晚上，依然不閑著，他要做賬；要記錄推銷的情況，規劃產品市場區域，還要設計新產品的模型圖，安排明天的生產。業餘自學，是不可間斷的，塑膠業發展急速，日新月異，新原料、新設備、新製品、新款式源源不斷被開發出來，他總覺得時間不夠用。

李嘉誠身爲老闆，同時又是操作工、技師、設計師、推銷員、採購員、會計師、出納員，草創階段，什麼事都是他一腳踢。他從來沒有抱怨過辛苦，總是勤勤勉勉地把每一件事都處理好。

愛因斯坦曾經說過，「在天才和勤奮之間，我毫不遲疑地選擇勤奮，她幾乎是世界上一切成就的催生婆」；高爾基有這麼一句話，「天才出於勤奮」；卡萊爾更曾激勵人們說，「天才就是無止境刻苦勤奮的能力」。縱觀古今中外的歷史，哪一個有成就的人不是曾經付出過努力的。也許勤奮並不一定會成功，但是沒有勤奮是一定不會成功的，想憑藉小聰明取得成功的人，永遠也不可能真正成功。

2 個人的努力才是你創業的根基

談到成功，人們總是會想到運氣，的確運氣很重要，沒有運氣，難以成功。但是運氣並不是最重要的因素，談到成功者總是以「運氣」兩字以蔽之的想法是不對的。「一分耕耘，一分收穫」事業的成功有運氣的成分，但主要還是靠勤勞。李嘉誠說：「我認爲勤奮是個人成功的要素，一個人所獲得的報酬和成果，與他所付出的努力有極大的關係。運氣只是一個小因素，個人的努力才是創造事業的最基本條件。」

做生意需要靈活的頭腦，精明地計算，這些不能和勤奮靠上什麼邊。但是，做生意之前的準備工作，卻是一件非常需要勤奮的事情。知識的累積，對所要從事的行業的瞭解，資本的原始積累，這些都離不開勤奮。李嘉誠在自主創業之前，曾經做過很多份工作。勤奮地工作，使他在每一項工作中都學到了知識，這成爲他生意成功的保障。時至今日，李嘉誠仍是個工作狂，一心撲在事業上，像球王貝利堅信「最好的球是下一個」一樣從不滿足，永遠進取。他長年累月地奔波在世界各地，每天都要工作12個小時以上。

李嘉誠是白手起家的，靠著不懈的努力，赤手空拳打下了屬於自己的天下。他一生經商的成功經歷說明了一點，一個商人要想成功沒有捷徑可走，一分耕耘一分收穫，奮鬥一生才能收穫一生。

1950年，李嘉誠以自己的積蓄和從親友手中借來的5萬港元租廠房，開辦了長江塑膠廠，而從此一發不可收拾。在他一生的從商經歷中，除了剛開始做塑膠生意時出現了一次失誤，基本上沒有出現過什麼重大的失誤。但是他依然用了將近一生的時間，才有了今天的成就。

李嘉誠早期的奮鬥為他自己積累了創業的資本。在和他同齡的人還在父母的庇護下的時候，李嘉誠就已經出來工作。當和他一起工作的人已經酣酣入睡的時候，他還在挑燈夜讀，勤奮思考，在不斷地規劃自己的人生。多年以後，他已經超出了同齡人許多。

創業之後的勤奮，為他事業的一步步上升提供了助力。勤奮、信用和學習是他最大的財富，推動他不斷地走向成功。做了一輩子生意的李嘉誠，這樣總結自己的成功之道：「因為我勤奮，我節儉，有毅力。我肯求知，並建立良好的人際關係。」每當面對挫折時，他都比別人更勤奮，在行動中總結出失敗的教訓、發現跨越挫折的路徑，最後一次次地走出了困境。

李嘉誠認為，個人的努力才是創造事業的最基本條件，勤勞可以彌補資金、技術等許多方面的不足，在競爭中獲取較大優勢。李嘉誠沒有接受過高等教育，沒有資金，可以說是一無所有，但是他卻比那些擁有很多的人更成功。原因就在於他的努力。個人的努力遠比其他因素更重要。李嘉誠幼年喪父，沒有辦法繼續讀書，但是他並沒有放棄讀書，而是通過自學，不斷地積累知識。他通過從事不同的職業，鍛煉自己各方面的能力，使自己不斷地提升。一無所有的他正是靠著自己的不斷努力，贏得了現在的成功。

很多人總是在抱怨自己有多少不利因素，沒有資金，沒有好的環境，沒有人支持，沒有知識，什麼都沒有。這些人總是在羡慕那些所謂的「富二代」羡慕他們不費吹灰之力就可以取得比自己大得多的成功。但是有沒有想過，抱怨無濟於事，你雖然沒有好的先天條件，但是成功與否並不取決於此，是否能成功和自己的努力程度息息相關。自己不努力的人就是有再好的條件，事業也不會成功。

事業的大小100%取決於勤勞，沒有捷徑可走，運氣只是一個小因素，個人的努力才是創造事業的最基本條件。命運掌握在自己手中，不怨天，不怨地，應多想想自己的行爲，自己才能起決定性的作用。一個人所獲得的報酬和成果是成正比的，付出多少就會得到多少。這個世界上，日夜做夢想成爲富翁的人數不勝數，真正努力的人卻寥寥無幾。只要你肯努力，就會有成功的機會。

3 夢想更大，要有更刻苦的準備

李嘉誠在其創業的道路上經歷了太多波折和考驗，這使得他對每一次經商的困難有足夠的心理準備。每一次準備擴展自己事業的時候，李嘉誠總是會對各種苦難有充分的估計，時刻做著準備，這種未雨綢繆、踏踏實實做事的心態，使李嘉誠不斷進取，表現出非凡的商業才華。

李嘉誠具有敏銳的商業頭腦，他從來不墨守成規，不固步自封。經常保持著進取精神。一旦發現新的商機，就會主動出擊，尋求發展。當然，他也會做好吃苦的準備，他明白事業的成功不會那麼簡單。

在他的塑膠生意做得如火如荼的時候，他突然宣佈賣掉，投入房地產行業，這種勇氣是一般商人所不具備的。他看到了塑膠將會走下坡路，而房地產卻是一個朝陽產業，同時他也知道，放棄自己經營多年的生意去改做其他生意，將會遇到很多的困難。所以他做好了準備，步步爲營，穩紮穩打，終於在房地產事業上又一次取得成功，後來涉足港口、電訊事業等行業，無不如此。

有一位美國作家，曾經這樣總結過那些企業巨人所共有的特性：「他們獨具慧眼，能在別人沒有察覺的情況下看到挑戰的機會。有些企業家反應迅速，能在瞬息萬變的環境中發現機會；有些企業家則乾脆自己去主動創造機會。無論是誰，他們都能不顧一切地堅持新的想法，然後不屈不撓地克服困難，用盡自己的儲蓄，有時甘冒生命危險去追求生產新的產品、提供新的服務。他們冒著風險，可是他們常常可以找到創造性的方法來化險爲夷。」

要獲得不斷成功的商人，是沒有多餘的時間享受成功的快樂的。他們總是永不停歇，因爲他們的眼睛總是瞄著下一個目標，並對新的挑戰有足夠的心理準備。也就是說，他們永遠在做好更刻苦的準備，研究如何突破自我，向前邁進。

李嘉誠談到自己經商的心得時說：**「一個人做得再成功，也僅僅是生存下來了。況且，那些成功都是過往的成績，不代表你明天一覺醒來，生意還在。我唯一相信的是，未來之路還會崎嶇不平，必須如臨深淵、如履薄冰地面對明天。」**

前IBM總裁Gerstner先生也說過這樣的話：「長期的成功只是在我們時時心懷恐懼時才可能。不要驕傲地回首讓我們取得以往成功的戰略，而是要明察什麼將導致我們未來的沒落。這樣我們才能集中精力於未來的挑戰，讓我們保持虛心學習的饑餓及足夠的靈活。」

李嘉誠之所以能夠把自己的生意做得越來越大，越來越好，是因爲他永遠都不滿足，不自大，沒有被自己的成功衝昏頭腦。他告誡自己，要永遠面對下一次困難的挑戰，永遠不能自我滿足。

李嘉誠綜合中國傳統式經商方式以及歐美經商方式的優點，針對每一個收購的目標，會像歐美的商人一樣，事先召集手下，蒐集各種情況，進行全面分析，對各種苦難做出充分估計，而後找到解決的方法，最終完成巨額的交易，既保證了決策的正確性，又保證了從不後悔。

李嘉誠領導下的商業團隊對每一件突如其來的事情都有能力迅速做出決定。曾經擔任和黃集團重要職務的馬世民，這樣說：「我覺得電訊非常有潛力，李先生認爲適合，便立即著手進行。李先生喜歡能源，大家同意，便開始尋找投資機會。在長實、和黃這樣一個大集團，能這樣迅速做出決定的靈活性十分重要，我們這個內閣可以做到這一點。」

隨著初次創業的實現，人們都會驀然發現自己曾經的競爭優勢已經不在了，或者正面對著競爭對手越來越大的威脅。這時候，要以「歸零」的心態面對眼前的新問題、新挑戰，對可能遭遇的苦難有足夠的心理準備，主動在超越自我的過程中取得新的成就。

4 90%仍是由勤勞得來

李嘉誠說:「在20歲前，事業上的成果100%靠雙手勤勞換來；20歲至30歲之前，事業已有些小基礎，那10年的成功，10%靠運氣好，90%仍是由勤勞得來；之後，機會的比例也漸漸提高；到現在，運氣已差不多要占三至四成了。不敢說一定沒有命運，但假如一件事在天時、地利、人和等方面皆相背時，那肯定不會成功。若我們貿然去做，失敗時便埋怨命運，這是不對的。」

上面這段話正是李嘉誠對自己人生的總結。縱觀李嘉誠的發家史可以看出，這段話的確是正確的。他正是從小生意起家，並一步步發展壯大，憑藉的就是勤勞刻苦的品質。

李嘉誠隨父親逃難到香港之後，不久父親就去世。為了養活全家人，他不得不過早地出來工作。從一個茶樓的小夥計做起，一點一滴地積累知識，提高能力。後來他辭去了鐘錶店的工作，專為一家玩具製造公司當推銷員，向外推銷塑膠玩具。做推銷工作剛開始那段日子裡，為了做得比別人出色，李嘉誠只能靠自己的雙手，不斷地努力，用勤奮來彌補自己的不足。那段時間，他每天都要背一個裝有商品的大包，翻山越嶺，長途跋涉，挨家挨戶推銷產品。結果，每次出去推銷都是「滿載而出，空手而歸」。憑藉自己的不懈努力，最終做了經理，那個時候的李嘉誠只有20歲。可以說，從14歲到20歲，李嘉誠沒有任何投機取巧的行為。那個時候的他一文不名，沒有勢力，也沒有背景，只能靠自己的雙手，靠自己的勤奮來爭取成功。

現代作家、藝術家老舍曾說過：「才華是刀刃，勤奮是磨刀石，很鋒利的刀刃，若日久不用磨，也會生銹，成爲廢物。」對於商人來說，勤奮就是做生意的磨刀石。李嘉誠認爲，「做好一名推銷員，一要勤勉，二要動腦。」李嘉誠當推銷員時，工作雖然繁忙，但早年失學的他仍用工餘之暇到夜校進修，補習文化。勤奮好學，使他不到20歲時，就已經當了一名塑膠玩具廠的經理，可謂是青年才俊，前途無量。

從李嘉誠的人生發展歷程來看，他從推銷員做起，個人財富從無到有，而後成爲華人首富，顯然，這個過程離不開李嘉誠善於對外公關，向顧客、股東推介自己的產品和服務。而這就是商人必須具備的推銷才能。李嘉誠常說自己從推銷中獲得最大的成功經驗：一是，學習；二是，勤奮。

第7堂課

年輕人要把吃苦當做吃補

在獲得財富的過程中，必然要經歷一段艱難困苦的時光。因此，年輕人必須要做好吃苦的準備並且擁有吃苦的精神。出身在動亂年代和貧寒家庭的李嘉誠過早地感受了生活的艱辛，養成了能吃苦的精神，這對他以後的成功有很大的幫助。李嘉誠的成功之路充滿了艱辛與困苦，但是能吃苦的精神支持著李嘉誠一路走了下來，渡過了一個又一個的難關，最終走向了康莊大道。

1 男子漢第一是能吃苦，第二是會吃苦

李嘉誠能夠從一個街頭推銷員到今天舉足輕重的商業領袖，決不僅僅是能吃苦那麼簡單。李嘉誠能吃苦是不用多說的，年少時的他吃盡了苦頭。關鍵是李嘉誠在能吃苦的基礎上，學會了巧妙地吃苦，兩者的結合才有了今天的成就。

李嘉誠去一家五金廠做推銷員。推銷不是一項簡單工作，有時跑斷了腿也賣不出去一件。李嘉誠並沒有蠻幹，他做推銷總是獨具匠心。當時，眾多的推銷員只著眼於賣日雜貨的店鋪，而他直接向酒樓旅館進行直銷業務，每次要貨就達100只，但是向中下層居民區的老太太推銷，賣一只卻等於賣了一大批，因爲老太太都是義務推銷員。結果，李嘉誠的業績直線上升，五金廠生意興旺起來。

後來，爲了謀求更大的發展，李嘉誠又到一間塑膠製造公司做推銷員。他充分利用當茶樓跑堂時的腳步功和察言觀色的本領，再加上他富有針對性的說服方法，使他一年後的銷售額達到第二名的7倍，使他18歲就被提拔爲業務經理，兩年後晉升爲總經理。

尚未成年的李嘉誠推銷術可謂奇招迭出，爐火純青。當時，一家新旅館開張，李嘉誠的同事在旅館老闆處碰了一鼻子灰，可是李嘉誠卻不一樣，他會觀察，會思考，並且最後迂迴包抄從老闆兒子身上打開了缺口。雖然，李嘉誠也曾碰釘子，但他用坦誠請教的招數拔掉了釘子。後來，由於鐵桶在與塑膠桶的遭遇戰中落敗，因而李嘉誠看準塑膠業的勃興，毅然投身塑膠行業。

李嘉誠在塑膠公司擔任推銷員的工作時，爲了能夠推銷更多的產品，他利用報紙雜誌，搜集有關產品的市場訊息資料，而且還和不同層次的人交談，更具體地瞭解產品的使用情況，做到心中有數。李嘉誠常說：**「要別人買你的東西，不想被推掉就必須在事前想到應付的辦法。」**有一次，他推銷一種塑膠灑水器，走了幾家都沒人問津。他靈機一動，說是灑水器可能出了點問題，想借水管試一下。於是，李嘉誠期望遇到提前上班的職員，使其眼見爲實，這樣洽談起來更有說服力。果真就有職員早到，他還是負責日用器具的部門經理。在辦公室裡表演起來，李嘉誠很順利就達到目的，該經理很爽快地答應經銷塑膠灑水器，一下子就賣掉了十幾個。這就是李嘉誠，總是想盡一切辦法把事情辦成功。

當然，李嘉誠推銷產品不是靠高談闊論，而是注重市場和居民中使用這類產品的情況。李嘉誠根據香港每一個區域的居民生活狀況，總結使用塑膠製品的市場規律，並將這些資料記錄在他隨身攜帶的一個小本子上。這樣李嘉誠就找到了適合產品的銷售管道，以致後來塑膠製品一出廠，產品就一銷而空。

由此可以看出，李嘉誠不僅是一個能吃苦的人，更是一個會吃苦的人，兩者的結合使他在商場裡如魚得水。在他幾十年的商場生涯中，他從來都不是一味地猛衝猛打，總是會巧妙地躲避危險，適時投資，最終贏得勝利。

從李嘉誠的經歷中我們可以看得出來，會吃苦就是把苦吃在應該吃的地方，也就是自己感興趣的地方。李嘉誠做的每一件事，每一次的努力都是爲他以後的自主創業在做準備，我們要想成就事業，也要首先弄清楚自己想幹什麼，把勁兒都使在應該使勁的地方，朝著一個目標努力，更容易獲得成功。

2 白手起家而終成大業的人不計其數

李嘉誠說：「我們的社會中沒有大學文憑，白手起家而終成大業的人不計其數，其中的優秀企業家群體更是引人注目。他們通過自己的活動爲社會做貢獻，社會也以崇高榮譽和巨額財富回報他們。」在這個文憑時代，很多人都因爲沒有文憑而苦惱。很多人都在千方百計地提高學歷，取得文憑。然而，文憑真的那麼重要嗎？

文憑只是你接受一種教育的憑證，並不能代表你的能力。工作中需要的是能力而不是文憑，擁有再高的學歷，沒有工作能力也是沒有用處的，一味地追求高學歷是本末倒置的做法。在今天的商業社會裡，湧現出了一大批令世人矚目的商業奇才，他們沒有什麼文憑，甚至連小學都沒有畢業，但是他們憑藉頑強的意志和不懈的努力，從最底層的打工仔做起，一步步地發展起來，成就輝煌的事業。李嘉誠就是其中的代表人物。他連小學都沒有讀完，白手起家，一步步地走向成功，締造了自己的商業帝國，成爲全世界華人的驕傲。

李嘉誠原本是一個非常好學的人，在學習上有著過人的天賦，3歲就能詠《三字經》《千家詩》；5歲那年，進了潮北門觀海寺小學念書。李嘉誠堂兄李嘉智回憶道：「嘉誠那時就像書蟲，見書就會入迷，天生是讀書的料。他去香港，辦實業成爲巨富，我們都感到吃驚。」他的另一位堂兄，終身從事教育事業的李嘉來感歎道：「嘉誠要小我10多歲，卻異常懂事。他讀書非常刻苦自覺，我看過好多次，他在書房裡點煤油燈讀書，很晚很晚都不睡覺。」

然而，世事多變，抗日戰爭爆發，潮州淪陷於日軍的鐵蹄之下，李嘉誠不得不隨著家人一起逃往香港。這一次劇變，改寫了李嘉誠的人生。

來到香港沒幾年，李嘉誠的父親就去世了。爲了擔起照顧母親、撫養弟妹的重擔，他被迫停學，開始在茫茫人海中掙扎奮鬥。他先到一家茶樓做活計，隨後在舅父莊靜庵的鐘錶公司裡當學徒，後來又到五金廠做起了推銷員，在生活的磨礪下，李嘉誠逐漸成熟起來。

生活的經驗讓李嘉誠看到了前景，於是他到了一家塑膠廠做推銷員。他超時工作，白天疲於奔波，晚上又到夜校進修英語。憑著這股吃苦耐勞的精神，20歲那年，時來運轉，他躍升爲工廠業務經理。從而在實踐中獲得了更大的鍛煉。

幾年後，他積蓄了一筆錢，便時刻不忘有朝一日自己單獨地闖一闖天下。於是，籌集了5萬元自己創辦了一家專門生產玩具以及家庭用品的小塑膠廠——長江塑膠廠。李嘉誠憑藉刻苦誠實、孜孜不倦的個人奮鬥精神和獨到的判斷力、果敢的決策力、善於用人，以及敏銳的市場觀察力，一步步發展自己的事業。如今已被列爲全球「十大最具創意和成功商人」，並且也擁有了「超人李」、「大哥誠」、「塑膠花大王」、「地產猛龍」、「地產大王」等稱號。

李嘉誠的成功告訴人們，文憑不是最重要的，能力才是決定一個人的最重要因素。像李嘉誠這樣的商人還有許多人，都是從無到有，一步步發展起來的。他們給自己設定賺錢的大目標，有一個長遠的規劃，把握行業發展趨勢，看到5年、10年後的市場。他們慢慢積累資本，一旦時機成熟就自己單幹，逐步締造一個商業帝國，體現人生價值。

沒有文憑的人取得了成功，那些擁有高學歷的人卻被湮沒於人流之中。他們之間究竟有什麼差別呢？他們比那些擁有文憑的人多了一份上進心，多了一份踏實。這比學歷更重要。那些成功的商人，一般都有打工的經歷。他們都是從最底層的夥計做起，忠於職守，不斷進取，過了幾年就坐上部門主管的座椅，成爲上下敬佩的人物，時機成熟，則會自己創業，當老闆。做生意，努力、上進更重要。

拿破崙說過一句話：「不想當將軍的士兵不是好士兵。」許多人並非生來含著金鑰匙，而是先做打工仔，慢慢積累做生意的經驗，最後自立門戶，才當上了老闆，直到成爲大老闆。一口吃不成個胖子，李嘉誠的經商經驗是，做生意要注重積累經驗，同時要有遠大理想，兩者缺一不可。

文憑並非不重要，但它畢竟是讀書的一種憑證。李嘉誠雖然沒有文憑，但是他從來沒有間斷過學習。只是在現實中，很多人擁有了文憑以後就喪失了取得成功應該具備的勤奮、踏實、上進等品質。不要再因爲自己沒有文憑而自暴自棄，命運掌握在自己的手中，只要不喪失信心，努力上進，一樣也能夠獲得成功。

3 苦難的生活，是我人生的最好鍛煉

每一個成功者的經歷中，都會有艱難困苦和事業挫折，逆境和挫折是必不可少的。李嘉誠就是一個歷經磨難，走向成功的例子。

1940年，為躲避戰禍，李嘉誠隨同家人一起，步行了十幾天，來到香港，寄居在舅父家中。李嘉誠的父親李經雲在香港開始了長期的拚搏。因勞累過度，不久李經雲離開了人世。臨終之際，李經雲對李嘉誠說：「阿誠呀，日後人要有骨氣，人有骨氣才是頂天立地的漢子，失意不能灰心，得意不能忘形。」

李嘉誠美好的童年隨著父親的去世一去不復返，年幼的他擔負起了養家的重任。面對人生的轉折，面對惡劣的環境，他漸漸成熟了。他不想尋求他人的蔭庇和恩惠，要依靠自己自立自強。雖然，母親想讓李嘉誠進入舅舅的公司上班，但是李嘉誠就是不願意，堅持要自己找工作。

剛開始找工作時，李嘉誠確實有幾分倔強，兩天來遭受的種種挫折，使他產生了一個頑強的信念：我一定要找到工作！母親同意嘉誠再去找一天工作，「事不過三，第三天還找不到，就一心一意進舅父的公司做工。」蒼天不負有心人，李嘉誠終於在西營盤的「春茗」茶樓找到一份工作，這是一個清苦艱難卻磨煉人意志的工作，但是李嘉誠已經很滿足。當時的他，也不敢有宏願大志，眼下最現實的，是好好做這份工作，養活母親和弟妹。茶樓的工時，每天都在15個小時以上。茶樓打烊，已是半夜人寂時。李嘉誠回憶這段日子說，「我是披星戴月上班去，萬家燈火回家來」。這對一個才十四五歲的少年，實在是太苦了。後來，李嘉誠對兒子談他少年的經歷時說：「我那時，最大的希望，就是美美地睡3天3夜。」

苦難的生活並沒有就此結束，這只是一個開始。後來，李嘉誠先後在舅舅的鐘錶公司、五金廠和一家塑膠公司工作。也正是在這個時候，李嘉誠從自強自立逐漸走上了成功的道路。

李嘉誠的童年是不幸的，但正是艱苦的環境磨煉了他的意志，鍛煉了他堅強不屈，不向生活低頭的的性格。正如李嘉誠所說：「從石縫裡長出來的小樹，則更富有生命力。」來自生活的磨難讓他勇氣倍增，努力地改變現狀，不斷地挑戰自我，超越自我，一步步地走向成功。

孟子曰：「天將降大任於斯人也，必先苦其心志，勞其筋骨，餓其體膚，空乏其身，行拂亂其所爲，所以動心忍性，曾益其所不能。」李嘉誠幼年時的磨難，使他具有了超乎常人的韌勁。不管在什麼時候，他都能付出比別人百倍的艱辛和努力。這使他義無反顧地走上了自主創業的道路，並在艱難困苦中找到了屬於自己的道路。

李嘉誠從開始工作就吃足了苦頭，但是他從來沒有退縮過，每一次都憑藉自己頑強的鬥志，百倍的努力堅持了下來，並且做到了最好。有句話說得好：世上無難事，只怕有心人。一旦認準了方向，就全力拚搏，不折不扣地把事情做好。這種執著的信念、堅定的執行，是創業者最寶貴的財富。李嘉誠談到自己年輕時刻苦的勁頭，這樣總結道：**「其實年輕時我很驕傲，因為我知道，我跟他們不一樣！」**

生活的磨難讓李嘉誠擁有了不同尋常的能力。他勇於面對不幸與災難，在困難與挫折面前，始終保持冷靜。正是這些品格讓李嘉誠能夠在商場中應付自如，一次次地化解危機。他的事業在不斷地解決困難中逐步上升，最終有了今天的成就。

人生總要碰到逆境和順境，每個人都應該學會忍受生活中的苦難，真正的成功者都是從苦難中磨煉出來的，對於成功者來說，不懼怕苦難是他們必須鍛煉的能力，只有這樣，才能真正走向成功。

第8堂課

挫折是促使年輕人成長的良藥

事情不會是一帆風順的，人生路途中，挫折總是相伴而生，如影隨形。挫折是人生絆腳石，同時也是人生墊腳石，接受挫折，從挫折中獲取成功的經驗，逆風起舞，挫折中不斷成長，終能將成功攬在懷中。李嘉誠的人生道路中經歷很多的挫折，很多次都把他逼入了絕境，但是他從挫折中走了出來，並且再上一層樓，在挫折中建立自己的龐大商業帝國。

1 挫折和磨難是最好的學校

成功的商人總是有自己的經營訣竅，我們總是在試圖挖掘，然後模仿。但是，世上沒有一個人是生下來就會做生意的，每個人的生意經都是在不斷地摸索中總結出來的。在經營的過程中，在失敗與挫折中不斷地總結經驗教訓，形成自己的一套經營模式。李嘉誠說過：「人們讚譽我是超人，其實我並非天生就是優秀的經營者。到現在我只敢說經營得還可以，我是經歷了很多挫折和磨難之後，才領會一些經營要訣的。」

李嘉誠也並不是一個天生的優秀商人，他經歷了很多不平凡的挫折，嘗受過常人難以想像的磨難和艱辛。他正是在這些磨難中才悟出一些經商的秘訣。

李嘉誠是一個白手起家的商人，所以是從最底層做起的。早先在茶樓做活計很辛苦，但是他沒有打退堂鼓。每天拎著大茶壺，一天10多個小時來回跑。這使他擁有了強健的體魄，爲他以後做推銷員打下了基礎。

17歲那年，李嘉誠毅然決然地辭去了五金廠的工作，到一家塑膠廠當推銷員。掌握所有關於推銷的技能，對於生性靦腆，常常在陌生人面前顯得較爲拘謹、內向的李嘉誠來說，這份工作不是一件簡單輕鬆的事情。但是，他卻做得很好。在推銷中，他學到了如何與客戶打交道，如何揣摩對方的心理，如何達成交易，如何完成談判工作。李嘉誠說，要做好一名推銷員，最爲關鍵的有兩點：一要勤勉；二要動腦。

當初搞推銷工作時，李嘉誠總是在路上把要說的話想好，準備充足，並且練了又練。實際上，當時只有17歲的李嘉誠，仍長著一張讓成年人無法信賴的孩子臉。但聰明的李嘉誠，總會預先告訴客戶他的年齡，而且是經過加工之後的年齡，再加上他那讓人信賴的誠實的目光，更使李嘉誠無往而不勝。很快地，最年輕的李嘉誠的推銷成績，成爲全公司遙遙領先的佼佼者。

李嘉誠做推銷，愈做愈老練，他深諳一個推銷員，在推銷產品之時，也在推銷自己，並且更應注重推銷自己。李嘉誠有意識去結交朋友，先不談生意，而是建立友誼，友誼長在，生意自然不成問題。他結交朋友，不全是以客戶爲選擇標準。李嘉誠不是健談之人，說話也不風趣幽默。他總是推心置腹談他的過去和現在，談人生與社會。李嘉誠廣博的學識，待人的誠懇，形成一種獨特的魅力，使人們樂意與他交友。有朋友的幫襯，李嘉誠在推銷這一行，如魚得水。

李嘉誠認爲，推銷工作最重要的是，要時刻注意客戶的心理及其變化，時刻使他們有興趣聽自己講述，而不認爲是在浪費他們的時間。自己必須要充滿自信，且又十分熟悉推銷的產品，盡最大的努力，設法讓客戶感到你的產品是廉價而且優秀的。

隨著工作經驗的增加，李嘉誠在商業上越來越老練。漸漸地，他發現自己不僅適合推銷，而且大有潛力。總是能憑著自己的直覺第一眼就能看出所面對的客戶是什麼類型的人物，並且能夠馬上瞭解客戶的心理、性格。這與他與生俱來的敏銳觀察能力、分析能力有關。這一切的一切都使他最終踏上了創業的道路。推銷工作使李嘉誠學到了很多做生意的經驗，他在推銷生涯中善於總結，培養了非凡的察言觀色的能力和準確的判斷力，這所有的一切為他的成功奠定了基礎。

李嘉誠創辦長江塑膠廠後，一直順風順水，生意越做越好，高興之餘的李嘉誠開始盲目擴大業務，最終導致出現問題。很多客戶紛紛退貨，原材料供應商和銀行紛紛上門追債，李嘉誠疲於應付。但是，憑藉著他的頑強的意志和誠信，李嘉誠最終贏得了大家的原諒，長江塑膠廠也因此擺脫了一場危機。經歷過這次挫折和磨難，李嘉誠又成熟了許多，他給自己立下座右銘：「穩健中尋求發展，發展中不忘穩健。」

李嘉誠在自己的人生路上，不斷總結經驗，一步步地摸索經營的訣竅，這些訣竅使他的生意越做越大，越做越好，最終成就了今天的華人首富李嘉誠。

經營的訣竅不是靠學習和模仿得來的，只有在實踐中不斷地總結才能獲得。每個成功商人的訣竅都是不一樣的，與其探究別人的訣竅，不如自己親自去嘗試，去總結，形成一套與眾不同，屬於自己的經營秘訣。

2 忍受屬於自己的一份悲傷

每個人一定都會有屬於自己的悲傷，這是不可避免的。我們必須學會忍受屬於自己的悲傷，才能奮發向上，才能體會到幸福。李嘉誠說：**「人生自有其沉浮，每個人都應該學會忍受生活中屬於自己的一份悲傷，只有這樣，你才能體會到什麼叫做成功，什麼叫做**

真正的幸福。」

很多時候，我們是不知道珍惜的，沒有苦難與悲傷作爲參照物，我們總是會覺得自己不幸福。所以，擁有屬於自己的悲傷是一件幸福的事情。但是悲傷只是開始，並不是結束。我們只有能夠接受悲傷，忍受悲傷，才能不陷入悲傷。在悲傷中自怨自艾的人是弱者，在悲傷中站起來的人才是真正的勇士，才最容易成功。

李嘉誠被人稱爲「超人」，是華人首富，他的生活始終被人冠以光環。但是他的人生也並不是如我們所想的那麼如意。尤其是幼年的他，更是經受過一般人沒有過的悲傷。

在那個動亂的年代，李嘉誠一家和其他人一樣，開始了逃亡生涯，祖母憂憤交加而死。到了香港以後沒幾年，父親也去世，面對一連串的打擊，年幼的李嘉誠沒有倒下，他毅然擔負起了養家糊口的重任。開始出去找工作。對一個14歲的孩子來說，找一份合適的工作並不是簡單的事。但求職的艱辛沒有把他嚇倒，他學會了隱忍，隱忍那一份只屬於自己的悲傷。當時的李嘉誠爲了找工作，靠著雙腳走遍了香港，求職無門。雙腳跑得又腫又疼，又得忍受別人的白眼冷語，遭受了太多的辛苦和委屈。

當年的李嘉誠還有過一個旁人想都不敢想的想法，到銀行去求職。他認爲，銀行是做錢生意的，不會沒錢，而且也不可能倒閉。這個想法雖然很幼稚，但他敢想敢做，不怕失敗，甚至把失敗當做歡樂，以勉勵自己，一切都會好的。李嘉誠回首往事，描繪他少年時的心態時說：「抗日戰爭爆發後，我隨父來到香港，舉目看到的都是世態炎涼、人情冷暖，就感到這個世界原來是這樣的。因此在我的心裡產生很多感想，就這樣，童年時五彩繽紛的夢想和天真都完全消失了。」

人生的折磨就像是約好了一樣，一起壓在了李嘉誠瘦弱的肩膀上。貧窮、失意和親人的相繼離世接踵而至。別說是一個小孩子，就是一個成年人，恐怕也難以承受，但是，李嘉誠忍住了，他沒有向命運屈服，在這種重壓下，他依然挺直腰板向前衝。這恐怕就是以後他在冷酷無情的商海裡能夠一往無前的原因吧。

許多成功的商人都出身貧寒，他們談到自己的創業動力時，都會說同一句話：「越窮越想成爲有錢人。」窮困，使人產生賺錢的勇氣和智慧。有了目標，再加上努力，就有了後來的成功。賺錢，也是這樣。如果你沒有成爲「有錢人」的強烈欲念，終身都賺不到大錢。因此，在創業之前，最好使自己感受到貧窮的切膚之痛，這樣才能喚起「翻身」的渴望。

事業成功後的李嘉誠總是被人認爲是不同凡人的人，「超人」的光環總是籠罩著他。但是他依然有著凡人一樣的悲傷。1986年，李嘉誠母親李莊碧琴老夫人病逝；1990年，李嘉誠夫人莊月明女士因心臟病突發逝世。李嘉誠非常悲痛，《明報週刊》多次在報導中用「淚流滿面」形容喪禮中的李嘉誠：「儘管是商場巨人，面對生離死別之時，也禁不住流露出軟弱柔情的一面。」

但是他忍住了悲傷，沒有因爲悲痛而忘記自己的責任。李嘉誠原定在年初出席汕頭大學的慶典活動，汕頭方面的代表及李家親友，勸他改期。李嘉誠幾經考慮，說：「不應因我妻子逝世的事改期，以免連累成千上萬的人。請柬已發出，改期不妥。」李嘉誠毅然節哀忍痛，帶公子及朋友飛赴汕頭，出席慶典活動。

人生總要碰到逆境和順境，我們都應學會忍受生活中屬於自己的一份悲傷，在任何情況下，都不要意志消沉，不要忘記自己應該做的事。只有勇敢面對自己的悲傷，才能衝破困境，走向成功。

3 逆境時，要問自己是否有足夠的條件

李嘉誠說:「在逆境的時候，你要自己問自己是否有足夠的條件。當我自己逆境的時候，我認爲我夠！因爲我勤奮，節儉，有毅力，我肯求知，及肯建立一個信譽。」李嘉誠於1998年（70歲）接受香港電臺訪問，談及17歲時他對自己的未來充滿很大的信心，認爲會有很大機會開創事業。因爲，他明白自己有創造成功的素質和堅定不移的決心。這就是李嘉誠成功的一個原因，他足夠瞭解自己，他明白自己能幹什麼，該幹什麼，從而確立了人生方向。

「知人者智，自知者明」，一個人只有足夠瞭解自己的實力，才能做出正確的判斷，從而做出正確的決定。當我們面臨逆境的時候，一定要問問自己是否有足夠的條件，再決定下一步的行動。

李嘉誠在生意場上能夠一帆風順，就是建立在瞭解自己的基礎上。在他的商場生涯中，基本上沒有做過任何重大的錯誤決定。每一次做決定之前，他都會充分瞭解自己的實力。若沒有足夠的實力和完全的把握，他就不會貿然行動。正是這種精神讓他在一次次的逆境中再次站起。

20世紀70年代末期，香港很多重要口岸都被英資佔據著，其潛在的巨大利潤華人商行都無法插手，當時，李嘉誠已經在和置地公司的交鋒中獲得勝利，再加上他獲悉中國大陸要搞經濟改革，香港華資應該會有良好的發展，於是便確立了全面進攻英資領地的發展目標。

李嘉誠決定將九龍倉碼頭作爲自己的首要進攻目標，開始不動聲色地收購九龍倉的股份。

誰知，就在李嘉誠聚集力量準備把置地殺個措手不及的時候，精明的置地公司也聞風而動，開始在市場上購回九龍倉的股權，進行反收購。在你來我往的爭鬥中，九龍倉的股價在1978年底已經被炒到了每股46元港幣的歷史最高水準。

李嘉誠自己心知肚明，憑藉自己當時的能力，根本難以和置地公司在九龍倉這個問題上抗衡。再繼續下去，必死無疑。這種不利的局面讓李嘉誠大爲頭痛。李嘉誠決定放棄九龍倉，正好這個時候滙豐銀行大班沈弼來做說客，請他及早退出爭奪九龍倉的商戰。李嘉誠因爲明白自己的實力和水準還對別人夠不上威脅，而且拖下去很可能會影響到自己今後的發展，那才真叫「偷雞不成反倒蝕把米」。所以，面對沈弼的遊說，李嘉誠爽快地答應了。

後來，因爲瞭解船王包玉剛對九龍倉爭得厲害，從雙方的利益考慮，李嘉誠把自己所持有的1000多萬股九龍倉股票轉讓給包玉剛。當時買進的價格爲每股10～30元港幣，脫手轉讓的價格爲每股30多元港幣，李嘉誠一下子就在包玉剛那裡賺得數千萬港幣的利潤。更爲重要的是，李嘉誠還通過包玉剛，從滙豐銀行那裡接到和記黃埔的股票9000萬股，開始轉爲策劃對和記黃埔的收購。

1978年9月5日，包玉剛正式宣佈自己已購得20%左右的九龍倉股票。接著，李嘉誠又陸續將自己手中剩下的九龍倉股票全部轉讓給包玉剛，估計獲利在5900萬港幣左右。而包玉剛也不停地到市面上的公司或者在幕後吸納九龍倉股票，使自己的控股權最後增加到30%，大大地超過了置地公司的股份。

包玉剛此舉令九龍倉負責人紐壁堅感到大爲驚慌，1980年6月中旬，他趁包玉剛赴歐洲開會時發動突然襲擊，正式挑起了九龍倉大戰。置地公司採取換股的方法，想在最短的時間內將自己所持的股權增加到49%的安全線。

包玉剛聞訊後馬上回到香港，對置地公司進行反擊。他先是從滙豐銀行得到22億港幣的貸款保證，然後召開緊急會議，決定以每股105元港幣的現金吸納市面上的九龍倉股票。當然，對於股民來說這個條件更爲優厚，於是又將自己到手的九龍倉股轉手賣給包玉剛。星期一股市開盤不到兩個小時，包玉剛就實現了自己的目標，補足了2000萬股九龍倉股，獲得了九龍倉49%的控股權。但是，在這兩個小時之內，包玉剛也爲此付出了21億港幣的現金，付出了沉重的代價。

李嘉誠就是因爲對自身的實力有足夠的瞭解，所以及早地從這場大戰中抽身，將九龍倉股票轉手，獲得了相當的利潤和新的發展，對於李嘉誠來說就夠了。

4 勝時不驕，敗時更不氣餒

李嘉誠認爲，生意人千萬虛心點，不要以爲能把批發來的東西加價賣出去賺到錢就成了。尤其是面對失敗，更應該以坦蕩的胸懷找到失敗原因，讓自己增加面對市場挑戰的本領。在李嘉誠看來，風險與利潤是一枚硬幣的兩面，做生意就是要面對不確定性，奪取成功。只相信成功，不相信失敗，這一商業信條讓李嘉誠在經商的道路上比別人走得更遠。

做生意難免會遭遇失敗，但是我們不能在失敗面前低頭。著名的泰國華人企業家朱岳秋說：「只相信成功，不相信失敗，如果沒有這種精神，那麼在生意場上是很難混下去的。」李嘉誠認爲，做生意有賠有賺，失敗了很正常，關鍵是，失敗了要不氣餒，籌備東山再起。如果認爲失敗是命中註定的，覺得不會再有出頭的日子，那麼人心就完了，不可能再有勇氣反敗爲勝，改變命運。

李嘉誠創辦長江塑膠廠後，憑著自己的商業頭腦，發了幾筆小財。生意做得也算是不錯。但是年輕的李嘉誠忽略了商戰中變幻莫測的特點，他開始過於自信了。幾次成功以後，他就急切地擴大他那資金不足、設備簡陋的塑膠企業，於是資金開始周轉不靈，工廠虧損愈來愈重。過快地擴張，承接訂單過多，加之簡陋的設備和人手不足，極大影響了塑膠產品的品質，迫在眉睫的交貨期使重視品質的李嘉誠也無暇顧及愈來愈嚴重的次品現象。於是，倉庫開始堆滿了因品質問題和交貨的延誤而退回來的產品，塑膠原料商開始上門催繳原料費，客戶也紛紛上門尋找一切藉口要求索賠。

面臨滅頂之災的李嘉誠渾然沒了主意，這一段時期，是他在商場中最困難的時期。直到今日，李嘉誠回想起來仍有心有餘悸的感覺。後來在李嘉誠的努力下，工廠終於轉危爲安，重新煥發活力。

失敗並不可怕。關鍵是要在失敗後，保持冷靜的頭腦，找出失敗的原因，盡力解決困難。李嘉誠經過一連串痛定思痛的磨難後，開始冷靜分析國際經濟形勢變化，分析市場走向。

的確，香港的塑膠製品在國際市場賣得很「火」。細究之，香港產品的優勢卻是廉價，大陸政權更替，「難民」逃港，香港儲備了大量的勞力資源。20世紀50年代，港府對來港人員，來者不拒，作爲後備勞力資源。香港的工資低廉，故而產品廉價。難道港產貨就不能以質優款新而稱雄國際市場嗎？長江廠出口的塑膠玩具，跟同業並無多大區別，只是款式有細微變化而已。除了同業，誰還會關注有一個「長江塑膠廠」呢？

李嘉誠渴望有個新突破，使長江廠從同行中脫穎而出，嶄露頭角。尋找突破的視野，不能局限於彈丸之地香港，而是國際市場。

一日深夜，李嘉誠翻閱英文版《塑膠》雜誌，目光被一則簡短的消息吸引住，即義大利一家公司，已開發出利用塑膠原料製成的塑膠花，即將投入成批生產推向歐美市場。一直苦苦尋找突破口的李嘉誠，如迷途的夜行人看到亮光，興奮不已。

李嘉誠意識到，現代人的生活節奏日益加快，許多家庭主婦變成職業婦女，對這些家庭來說，不再有閒情逸致花費時間去侍弄花卉，並且，植物花卉花期有限，每季都要更換花卉品種，實在麻煩得很。塑膠花正好彌補這些缺陷。現代人以趨趕時髦爲榮，塑膠花的上市，將會引發塑膠市場的一次革命，前景極爲樂觀。

1957年，李嘉誠帶著企業復活的希望踏上了學習塑膠花製造技術的征途。他用盡了一切辦法，千方百計地蒐集點滴有關塑膠花製作的技術資料。不僅如此，李嘉誠又購置了大量在款式、色澤上各具特色的塑膠花品種帶回香港，不惜重金聘請香港乃至海外的塑膠專業人才，對這些購回的塑膠花品種進行研究。

1957年李嘉誠的長江廠，開始生產塑膠花。塑膠花爲香港市民所普遍接受。「長江塑膠廠」的名字也開始爲人們所熟悉。在接下來的日子，李嘉誠領導長江塑膠廠迎來了香港塑膠花製造業最爲輝煌的時期——塑膠花開滿香港。

李嘉誠正是靠著「生意人只相信成功，不相信失敗」的信念，面對殘酷的失敗，仍然不斷地尋找適合市場對路的新產品，尋找圖謀東山再起的機會。重新開出一條道路的李嘉誠，在渡過危機之後，便漸漸地走上了穩定發展的道路。

任何人都會經歷失敗，失敗後不應該怨天尤人，更不應該自怨自艾。我們應該振作起來，重新尋找東山再起的機會，再次開啓自己的事業。

第9堂課

穩紮穩打 步步為「贏」

做生意是一種投資行為而非投機行為，不可只顧眼前，不顧長遠，為了一時的利益而貪功冒進，只能使自己陷入絕境。一步一個腳印，穩紮穩打，不打沒有準備的仗，才是做大生意者應該具備的素質。李嘉誠一生投資謹慎，成功地在進取和穩固中尋求到了平衡點，因此，他在經商過程中沒有遇到過太大的風浪，平安地度過了經濟危機。

1 「一夜暴富」往往意味著「一朝破產」

兩座山之間哪個距離最短，自然是直線最短。但是你會從這座山直接跳到那座山嗎？自然不會。你仍然會按部就班地從這座山下來，再爬向另一座山。做生意也是一樣，有些辦法看似行得通，可以更快地賺到更多的錢，但是卻有很大的風險。「一夜暴富」往往意味著「一朝破產」。有人說「聰明人走捷徑」，這話有些道理，但是應該加上一個注釋，即大聰明人視捷徑爲危途，只有那些愛耍小聰明的人，才喜歡走捷徑。

李嘉誠告誡廣大同行：「我的主張從來都是穩中求進。我們事先都會制定出預算，然後在適當的時候以合適的價格投資。」所以李嘉誠進入地產界時，已經有預售樓花，而李嘉誠沒有這樣做，他只是將樓宇作爲出租物業，他所堅持的就是不走捷徑走大路的投資原則。

賣樓花是霍英東於1954年首創，他一反地產商整幢售房或據以出租的做法，在樓宇尚未興建之前，就將其分層分單元預售，得到預付款，即可動工興建。賣家用買家的錢建樓，地產商還可將地皮和未成的物業拿到銀行按揭（抵押貸款），真可謂一石二鳥。

繼霍英東之後，許多地產商紛紛效尤，大售樓花。銀行的按揭制進一步完善，蔚然成風。李嘉誠認真研究了樓花和按揭。他發現，賣樓花的確能夠加速樓宇銷售，加快資金回收，彌補地產商資金不足。但是，這樣一來，地產商的利益就會與銀行休戚相關，而地產業的盛衰又直接波及銀行。所謂唇亡齒寒，一損俱損，過多地依賴銀行未必就是好事。

所以，資金再緊，李嘉誠寧可少建或不建，也不賣樓花加速建房進度，他儘量不向銀行抵押貸款，或會同銀行向用戶提供按揭。

李嘉誠興建收租物業，資金回籠緩慢，但他看好地價樓價及租金飆升的總趨勢。收租物業，雖不可像發展物業（建樓賣樓）那樣牟取暴利，卻有穩定的租金收入，物業增值，時間愈往後移，愈能顯現出來。

1961年6月，潮籍銀行家廖寶珊的廖創興銀行發生擠提風潮。廖寶珊是「西環地產之王」，他在西環大量購買地盤興建樓宇，並在中德輔道西興建廖創興銀行大廈。廖寶珊發展地產的資金，幾乎全部來自存戶存款，幾乎將其掏空殆盡，從而引發了存戶擠提。

這次擠提風潮，令廖寶珊腦溢血猝亡。從廖寶珊身上，李嘉誠更深一步地意識到地產與銀行業的風險。

1962年，香港政府修改建築條例並公佈1966年實施。地皮擁有者，爲了避免新條例實施後吃虧，都趕在1966年之前建房，職業炒家應運而生。他們看準地價樓價日漲夜升的畸形旺市，以小搏大，只要付得起首期地價樓價，就可大炒特炒，趁高脫手。然而，在這股風起雲湧的炒風中，李嘉誠始終保持清醒的頭腦。他心裡清楚，買空賣空是做生意的大忌，投機地產猶如投機股市，「一夜暴富」的後面，往往就是「一朝破產」。

李嘉誠堅定地以長期投資者的形象出現在地產界，他一如既往地在港島新界的新老工業區，尋購地皮，營建廠房。他盡可能少依賴銀行貸款，有的工業大廈，完全是靠自籌自有資金建造。他公司下屬的塑膠部經營狀況良好，盈利可觀，同時地產部已由初始的純投資轉為投資效益期，隨著新廠的不斷竣工出租，租金又源源不斷地湧來，所以沒有銀行貸款，他也有足夠的資金發展自己的物業。

1965年1月，明德銀號又發生擠提，宣告破產。明德銀號的破產，加劇了存戶的恐慌心理，擠提風潮由此爆發，迅速蔓延到一系列銀行。廣東信託商業銀行轟然倒閉，連實力雄厚的恒生銀行也陷於危機之中，不得不出賣股權予滙豐銀行才免遭破產。

這次銀行危機卻持續了一年有餘，不少銀行雖未倒閉，卻只能「苟延殘喘」。在銀行危機的劇烈振盪下，興旺熾盛的房地產業也一落千丈，一派肅殺。地價樓價暴跌，脫身遲緩的炒家，全部斷臂折翼，血本無歸，靠銀行輸血支撐的地產商、建築商紛紛破產。

在這次危機中，長江的損失，與同業相比微乎其微，它只是部分廠房碰到租期屆滿，續租時降低租金，而並未動搖其整個根基。相反，那些激進冒險的地產商，或破產或觀望，而「保守」的李嘉誠卻仍在地產低潮中穩步拓展。

古人說，「欲速則不達」，做生意尤其要注意不能急功近利，總想一夜暴富。穩紮穩打才是做生意最大的訣竅。無數事實證明。過於急功近利，會付出沉重的代價。

2 凡事必有充分的準備，然後才去做

在李嘉誠1950年開始創業，歷經兩次石油危機、文化大革命、一次亞洲金融風暴、一次全球性經濟危機，卻始終能夠屹立不倒。他旗下的企業橫跨55個國家，走向日不落。持續成功的背後，一定

有獨特的經驗可以借鑒。

李嘉誠的投資生涯中，除了剛開始創業時的那一次意外，從來沒有過重大的失誤，生意一直積極穩健地向前發展。「發展中不忘穩健，穩健中不忘發展」，是李嘉誠一生中最信奉的生意經。遵循這一原則，他把自己的生意做得足夠大，並且堅如磐石。

李嘉誠說：**「我凡事必有充分的準備然後才去做。一向以來，做生意、處理事情都是如此。例如天文臺說天氣很好，但我常常問我自己，如5分鐘後宣佈有颱風，我會怎樣，在香港做生意，亦要保持這種心理準備。」**這種事事做好準備的原則，讓李嘉誠的生意一直穩步向前。

1977年，世界性石油危機已經過去，香港經濟逐漸轉好，本港經濟以11.3%的年增長率持續高速發展。地鐵工程，是當時香港開埠以來最浩大的公共工程。整個工程計畫8年完成，需耗資約205億港元。首期工程由九龍觀塘，穿過海底隧道到達港島中環，全長15.6公里，共15個站，耗資約56.5億港元。當時的李嘉誠涉足地產已20年，蓋了不少建築，積累了不少經驗，他覺得是到了改變形象的時候——進軍港島中區了。

早在1976年下半年，香港地鐵公司將招標車站上蓋發展商的消息，被新聞界炒得沸沸揚揚。1977年初，消息進一步明朗，地鐵公司將於1月14日開始招標。

李嘉誠一直苦苦思索要不要進行投標。以長江實業當時的實力，成功的機會渺茫，但是如果不投就一點機會都沒有。李嘉誠最終還是決定搏上一搏。

「知彼知己，方能百戰百勝」，李嘉誠不敢有絲毫怠慢。他立刻走進書房，翻閱各種資料。參與競標的公司很多，其中最難對付的就是置地。當時香港流傳這麼一句話：「撼山易，撼置地難！」李嘉誠明白要想奪標成功，就必須將置地作爲最大的競爭對手。

置地並未公開聲稱參與競投，就有報導唱起置地「志在必得」的高調，誰與置地競爭，無疑「以卵擊石」。李嘉誠想，「志在必得」的置地，會不會「大意失荊州」呢？

置地屬怡和系，怡和大班又兼置地大班。現任大班是紐璧堅，紐璧堅20歲起就參加怡和洋行的工作，一步步爬上董事局主席高位。紐璧堅沒有任何背景，靠的是自己的勤勉努力。

置地的另一個創始人，是凱瑟克家族的傑姆·凱瑟克。凱瑟克家族又是怡和有限公司的第一大股東。因此，紐璧堅身爲兩局大班，又得受股東老闆的制約。凱瑟克家族力主把發展重點放到海外。這樣，勢必分散紐璧堅坐鎮香港抉擇的精力。

這正是一個置地不易洞察的薄弱之處，人們往往會被置地的「貌似強大」蒙住雙眼。置地一貫坐大，也習慣於坐大。過於自負的置地未必就會冷靜地研究合作方，並「屈尊」去迎合合作方。

李嘉誠通過各種管道獲悉，地鐵公司與港府在購地支付問題上產生分歧，說明地鐵公司現金嚴重匱乏。地鐵公司以高息貸款支付地皮，現在急需現金回流以償還貸款，並指望獲得更大的贏利。

做好了充足準備的李嘉誠，在地鐵招標書上開了兩個優厚的條件：首先，滿足地鐵公司急需現金的需求，由長江實業公司一方提供現金做建築費；其次，商廈建成後全部出售，利益由地鐵公司與長江實業分享，並打破對半開的慣例，地鐵公司占51%，長江實業占49%。

結果可想而知，長江實業順利打敗比其強大的對手置地公司，贏得了這次招標。當時的輿論界稱長實中標，是「長江實業發展史上的里程碑」，地產新秀李嘉誠「一鳴驚人，一飛沖天」。經過這一役，李嘉誠和他的公司聲名鵲起，生意再上一個新臺階。

做生意就是要始終堅持不打無把握的仗。要確保生意的成功，就必須事先做好準備，認真分析生意成功的各個要素，瞭解競爭對手，瞭解其經營戰略、經營計畫、行爲特點和作風，還要瞭解自己和對手之間各因素上孰優孰劣，自己應發揮哪些相對優勢，彌補那些相對不足。

一旦時機成熟，就可以一舉成功，取得勝利。

3 擴張中不忘謹慎，謹慎中不忘擴張

李嘉誠說：「擴張中不忘謹慎，謹慎中不忘擴張。我講求的是在穩健與進取中取得平衡。船要行得快，但面對風浪一定要坐得住。」做生意並不是一件簡單的事情，既要考慮發展的問題，又要學會規避風險。對於一個商人來說，必須克制自己的貪欲，不要盲目地擴張。同樣，要想讓公司有所發展，也不能謹慎過頭，否則就會裹足不前。只有這樣，才能在規模擴張中穩定發展。

1999年11月，在李嘉誠出售Orange股權而獲得1180億港元收入不足一個月，歐洲電訊市場風雲再起。

英國沃達豐電訊公司聲明，將動用超過1萬億港元的資金（1290億美元）收購德國曼內斯曼公司52.8%的股權，而曼內斯曼高層馬上作出回應，堅決抵抗沃達豐的惡意收購行動。

那個時候，李嘉誠擁有10.2%的曼內斯曼股權，是曼內斯曼最大的股東。得到李嘉誠的支持，就意味著獲勝。所以，李嘉誠成爲沃達豐和曼內斯曼爭奪的焦點。

李嘉誠手裡擁有裁決權，不論他做何選擇，都會成爲最大的贏家。出乎所有人的意料，李嘉誠不爲名利所動。和黃董事局發表聲明，堅決支持曼內斯曼抵抗敵意收購。對此，李嘉誠的解釋是：「和黃與曼內斯曼一起發展和黃股東有利，而且沃達豐提出的收購價不具備吸引力。」

很多人都不明白，李嘉誠爲什麼把百億元白花花的銀子拒之門外。事實上，李嘉誠入主曼內斯曼的目的是在歐洲電訊市場大展宏圖，他絕對不會爲了幾百億港元而放棄自己的商業戰略，這才是問題的根本。

很多人都會爲了眼前的利益，進行過度擴張。他們沒有注意到風險的存在，或者明知山有虎，偏向虎山行。但是，商業的終極成功策略是戰勝貪欲、戰勝自我。一個無法克制個人欲望的人，難以笑到最後。香港錦興集團總裁翁錦通說：「生意越大，越要謹慎，因爲一旦遭遇危機，整個基業都有倒下的危險，損失太大了。」

不只是李嘉誠，所有成功的商人都是堅持「擴張中不忘謹慎」的投資策略，從而穩步發展保持成功的。

在開始做阿里巴巴的時候，馬雲考慮到中國的情況比較特殊，再加上資訊流在電子商務中的重要地位，所以馬雲和他的創業夥伴們就避開資金流和物流，只做資訊流。

在很長一段時間，馬雲和阿里巴巴做的一件事情就是，吸引商家加入阿里巴巴這個網上市場。他們放低準入門檻，以免費會員制吸引企業登錄平臺註冊用戶，從而彙聚商流，活躍市場。這樣的結果是，會員在流覽資訊的同時也帶來了源源不斷的資訊流，創造了無限商機。

阿里巴巴創立兩年後的2001年7月，阿里巴巴的會員數目就達到了73萬，分別來自202個國家和地區，每天登記成爲阿里巴巴商人會員的企業數超過1500個。但在如此海量的資訊中，商家得到了利益，阿里巴巴也收到了實惠。2001年，阿里巴巴推出「中國供應商」服務，滿足那些渴望自己的資訊在阿里巴巴這個大市場中更顯眼的供應商們的要求，向他們收取至少4萬元的年費。

馬雲始終認爲，中國沒有沃爾瑪，沒有完善的物流和配送，在中國三線作戰只能增加成本，如果電子商務只有那麼一點點利潤，還做電子商務幹什麼！所以阿里巴巴不做電子商務，只做資訊流。

我們從馬雲來反觀同期開始從事電子商務的其他同道們，他們由於沒有搞清楚電子商務的實質，什麼都做，既做資訊流，又做資金流，有的甚至已經開始做物流，但最終因爲胃口過大而半路夭折。

做生意必須擁有開拓的勇氣，才能越做越大，所以，謹慎也不能太過頭。看一下李嘉誠的經商史就可以知道，李嘉誠之所以有今天的成就，就在於他不僅謹慎投資，而且敢於投資。

1974年6月，在加拿大帝國商業銀行的促成下，加拿大政府批准長江實業的上市申請，從而使長實股票在溫哥華證券交易所發售。香港註冊的公司在倫敦上市並不稀奇，令人矚目的是，長江實業首開香港股票在加拿大掛牌買賣之先河。李嘉誠全方位在香港和海外股市集資，爲長江的拓展提供了厚實的資金基礎。將公司上市，是壯大自身實力的一條快捷而有效的途徑，立志趕超置地的李嘉誠，及時躋身股市，正是一種敢於擴張的勇氣。

做生意是一項冒險的活動，爲了有長足的發展，必須慎之又慎，但是又不能因爲謹慎而制約規模的擴大，阻礙生意做大做強。所以，必須把握住這中間的一個度，尋找平衡點，堅持「擴張中不忘謹慎，謹慎中不忘擴張」的原則。

4 全力以赴才有成功的希望

李嘉誠說過：「即使本來有100的力量足以成事，但我要儲足200的力量才去攻。」他曾經用游泳的例子來解釋這句話：「我的泳術很普通，扒艇也很普通。如果我要到達對岸，我要確信我的能力不是僅可扒到對岸，而是肯定有能力扒回來。等於我游泳去對面沙灘，我不會想著游到對面沙灘休息，我要預備自己游到對面沙灘，立即再游回來也有餘力，我才開始游過去。在事先，我會常常訓練自己，例如記錄鐘點和里數，充分瞭解自己才去做。」

李嘉誠作爲這麼大一個集團的領導人，不僅要爲自己負責，更要爲企業員工負責。所以，在進行任何一項生意之前，他總是會考慮到方方面面的因素，打下堅實的基礎，即使已經有足夠的能力完成一項生意，也要多儲備一些能力，以應對突發事件。他從來不會隨隨便便地去賭。

李嘉誠在投資內地問題上，一向顯得保守，甚至明顯落伍。然而1992年以後，他在大陸的投資卻一發而不可收，後來居上。

曾經有記者問李嘉誠：「爲什麼你在1992年前，只在中國內地大筆捐贈公益事業，而基本上沒有投資？」李嘉誠回答說：「我們一直在部署，到1992年，大陸的投資條件才算成熟。」

事實上，從20世紀80年代初起，港資投資內地，漸成風起雲湧之勢，不少香港大財團開始參與投資內地的基本建設，1979年，霍英東參與投資廣州當時規模最大、級別最高的白天鵝賓館建設；與此同時，包玉剛投資改建寧波北侖港，利氏家族興建五星級的廣州花園酒店。從1983年起，郭鶴年先後在內地興建了北京香格里拉、杭州香格里拉、北京中國國際貿易中心等10多幢大型物業。而胡應湘則牽頭興建了廣州中國大酒店、深圳沙角發電廠B廠、廣深珠高速公路等數項大型工程。

在這股港資大舉進軍內地的大潮中，李嘉誠明顯地落伍了。他雖然也參與了內地一些專案投資，但這與他控有的香港最大財團、投資海外的大手筆相比，顯得極不相稱。他頻頻往返於歐美與香港之間，也頻頻往返於香港與內地之間，但是在內地人們的眼中，他只是一個慷慨大度的慈善家，而不是一個大刀闊斧的投資家。

在李嘉誠看來，那個時候內地的投資條件還不是很成熟。在內地，關於改革開放出現的一些新事物，姓社姓資的大討論持續了10年餘之久，仍在激烈地進行著。到內地投資，還有不少框框和禁區。海南省政府搞了個洋浦開發區，一時間噓聲四起，光唾沫都要把省政府官員淹死。李嘉誠不去冒這個險，並非不看好中國的前景，而是在等待內地的投資環境更加成熟。

根據李嘉誠一貫的作風，他素來不喜歡搶「頭啖湯」。假如過一條冰河，李嘉誠絕不會率先走過去，他要親眼看到體重比他重的人安然無恙的走過，他才會放心跟著走。「穩健中尋求發展，發展中不忘穩健」，這是他經商的信條。已過花甲之年的李嘉誠，穩健還趨於保守，闖勁似乎不足。

然而，李嘉誠闖勁不足後勁足。在戰後崛起的華人財團中，李嘉誠不是率先跨國化的，但他在加拿大的投資，沒有一個華人巨富可與之論伯仲。李嘉誠在內地的投資，亦是如此。當然，前提是他看準了形勢，認為時機已到。

李嘉誠深知投資環境如果還不成熟，一旦投資，就會造成進不能進，退不能退的尷尬局面，因此對於投資環境的選擇十分審慎，一直把它作為戰略決策的重要前提。

1992年4月27日，李嘉誠分別受到江澤民、楊尙昆等黨和國家領導人的親切接見，從北京帶回了「尙方寶劍」，形勢變得明朗起來，李嘉誠由此開始了在內地的大規模投資。雖然起步比別人晚，但是卻獲得了最大的成功。

做生意要敢想敢幹，要有闖天下的冒險精神。但是，這種果敢和創新不是率性而為，必須以全面系統的調查為基礎，在確保萬無一失的時候，果斷出擊，必然能夠獲得最大的成功。

5 與其收拾殘局，不如當時理智

一直以來，商業的競爭都是十分激烈的。競爭最理想的狀態自然是戰勝對手，但是如果不能戰勝對手，最起碼也要保證自己不被對手「吃掉」，保存實力才是最重要的。只有這樣，才能保住翻盤的機會，正所謂「留得青山在，不怕沒柴燒」。

商人必須要理性，不能憑一時之勇，盲目競爭，最後馬失前蹄，落得慘敗的下場。李嘉誠曾經說過：「與其到頭來收拾殘局，甚至做成蝕本生意，倒不如當時理智克制一些。」

李嘉誠的長江實業集團和李兆基的恒基在香港新界馬鞍山都建有商居樓盤，長實的叫海柏花園，恒基的叫新港城。兩個樓盤群僅隔一條馬路，兩家的競爭勢在必行。

1994年，李嘉誠率先打響這場競爭戰，開始降價推出海柏花園，沒多久就賣出了800餘套；而李兆基的新港城卻門庭冷落，基本上沒有什麼顧客。李兆基一著急，也跟著降價銷售。於是價格戰就此拉開序幕。

1995年7月13日，價格戰繼續升級。李兆基再挑戰火，宣佈以「先到先得」的方式開售240套房子，每平方英尺售價4100港元，價格便宜了許多。李嘉誠寸土必爭，當晚將海柏花園的最新定價電傳給各傳媒，每平方英尺售4040元。

就這樣，李嘉誠與李兆基展開了拉鋸戰，雙方你爭我奪，互不相讓。到後來，李嘉誠的海柏花園賣到了每平方英尺3275港元；李兆基不再繼續降價，與長江實業對抗。

這場競爭以李兆基的退出結束。表面上看，李嘉誠取得了勝利。但是這場惡行競爭給長江實業也造成了很大的風險，由於價格過低，長江實業並沒有得到多少利潤。

事後，李嘉誠回憶起這次商戰，難免有點悔意。他不斷告誡自己，企業發展中要保持穩健的作風，不能為了一點利益陷入惡性競爭，更不能不顧風險把企業帶進商界泥潭。總之，在決策之初，一定要深思熟慮，保持足夠的理性，避免讓自己難堪。

作為商人，不論在什麼時候都要保持冷靜的頭腦，特別是在利益面前更不能昏頭。只有這樣，才能規避風險，確保生意穩步上升。我們不得不折服於李嘉誠在「炒風刮得港人醉」的瘋狂時期，絲毫不為炒股的暴利所心動，穩健地走他認準了的正途——房地產業。而不少房地產商，放下正業不顧，將用戶繳納的樓花首期款，以及用物業抵押獲得的銀行貸款，全額投放到股市，大炒股票，以求牟取比房地產更優厚的利潤。

當時，炒風越刮越熾熱，各業紛紛介入股市，趁熱上市，借風炒股。連眾多的市井小民，也不惜變賣首飾、出賣祖業，攜資入市炒股。職業炒手更是興風作浪，哄抬股價，造市拋股。香港股市處於空前的癲狂狀態。1972年，滙豐銀行大班桑達士指出：「目前股價已升到極不合理的地步，務請投資者持謹慎態度。」但是，桑達士的警告，卻湮沒在「要股票，不要鈔票」的一片喧囂之中。

1973年3月9日，恒生指數飆升到1774.96的歷史高峰，一年間，升幅5.3倍。初入股市的李嘉誠絲毫不爲炒股的暴利所動，他深知證券市場變幻急速且無常，他堅持穩健發展的原則，顯出了高人一籌的心理素質。

在紛亂的股票狂潮中，一些不法之徒僞造股票，混入股市。東窗事發，觸發股民拋售，股市一瀉千里，大熊出籠。當時遠東會的證券分析員指出，假股事件只是導火線，牛退熊出的根本原因，是投資者盲目入市投機，公司贏利遠遠追不上股價的升幅，恒指攀升到脫離實際的高位。

在這場大股災中，除極少數脫身快者，大部分投資者都是棄甲而歸，有的還傾家蕩產。香港股市一片愁雲慘霧，哀聲慟地。

顯而易見，李嘉誠是這次大股災中的「倖免者」。長實的損失，僅僅是市值隨大市暴跌，而實際資產並未受損。相反，李嘉誠利用股市，取得了比預期更好的實績。李嘉誠步步爲營的作風又一次保證了長實平穩前航。

第10堂課 好漢不吃眼前虧

很多時候，我們缺乏的不是處事的能力，而是進退自如的智慧，面對力所不能及的事情時，往往會逞一時之勇，自己釀的苦酒自己喝。在做生意的過程中，必須學會放棄利益，面對強大的對手時，不應該為了利益而做出飛蛾撲火的舉動。李嘉誠深明其中的道理，因此，他總是能夠拒絕利益的誘惑，作出正確的判斷，投資到正確的領域。在競爭中，他總是能夠見好就收，避免與強大的對手做正面交鋒。

1 冒險不等於冒進

李嘉誠曾在集團周年晚宴致辭中表示：「香港在未來數年內，只要把握時機，加強與內地合作，迅速擴大在內地市場的佔有率，香港就將會有無限的商機」。

雖然在各種場合下，李嘉誠一再強調香港經濟會復甦，但是具體會在什麼時候開始復甦、前景怎樣，李嘉誠在內部討論會中也坦言至今仍不明朗，有很多挑戰性的問題隨時都可能會發生。所以，李嘉誠的目光重點轉移到環境良好的市場——歐美以及大陸內地，尤其是內地市場。

李嘉誠非常看好中國經濟發展近20年來的高速增長。隨著中國加入WTO，這更堅定了他的信心。在一個公開場合，李嘉誠曾經明確表示，長江實業多年來對中國內地的投資很多，而中國加入WTO後我們的商機將會更多。有些業務領域過去沒有涉及，往後可能會涉足。最關鍵的是認清方向，把握好機會。

李嘉誠領導的長和系坐擁強大的資金，在內地從容規劃，通過收購、合資等形式佔領了眾多產業的制高點。

在中國大陸資訊產業蓬勃發展的時候，李嘉誠對大陸市場的新出擊，卻顯得格外穩重。總的看來，拓展的方向始終沒有偏離傳統產業的基礎業務，其目標主要鎖定在5個方面，即地產、通信、港口網路、媒體和生物科技。

李嘉誠並不是保守。長和系作爲主角之一，也曾遭遇了2000至

2001年間全球網路泡沫經濟的破滅所帶來的災難。

李嘉誠早在多年前就已經開始在內地投資了，到2002年在內地投資額累積已超過600億港元，其中長江實業集團是香港在內地最大的投資者之一。

儘管龐大的投資造就了李嘉誠在內地的知名度，但不容忽視的是那些超過15%～20%的投資項目的失敗，對於一向業績穩健的長和系而言，這麼高比例的投資失敗率是過去從來沒有過的。冒進，是長和系對失敗找到的原因。早期的TOM、電信盈科和數碼港曾給企業帶來了神話般的光環，造就了李澤楷這樣的傳奇人物，但是並沒有真正給集團帶來實際的商業利益。狂熱之後，對於李嘉誠領導的長和系來說，TOM和電訊盈科只剩下一個空殼了。基於此，李嘉誠曾經多次在企業內部指出，在一個激進的時代，最重要的是保持清醒的判斷能力，不能因爲頭腦發熱而迷失了方向。

2001年，李嘉誠在北京出席會議的時候表示有在內地資本市場上投資的打算。雖然當時國家並沒有對外企在內地證券市場上市的問題出臺相關政策，但是李嘉誠卻一直在等待著。李嘉誠明白，如果能夠在內地上市，一方面，可以減緩國外市場對企業經營的影響。至少可以減緩國外市場對企業經營的影響。面對越來越複雜的投資環境，李嘉誠變得越來越謹慎。在內地投資的失敗經歷讓他明白冒進是成功的死敵。

在客觀環境與自身條件都允許的條件下冒險，很有可能會抓住機會，獲得意想不到的成功。一心要成就事業，不理會客觀環境，不考慮自身實力，就貿然地投資，只會招致失敗。所以，創業與投資，一定不能冒進。「明知不可爲而爲之」在生意場上並不是一種慷慨激昂的鬥志，而是愚蠢的魯莽。

2 正當利益，該爭則爭

「人之熙熙皆爲利來，人之攘攘皆爲利往」。這是商人的本質。做生意原本就是爲了賺錢，這是無可厚非的。在與競爭對手博弈的時候，應該寸土必爭，不能忍讓退卻。正當的利益，該爭取的時候，決不能退縮。只有這樣，才能把生意做好。

李嘉誠也是謹守這一原則，不正當的利益，給也不要；正當利益，不給也要爭。

1992年8月愛美高通過內部認購形式，向長實購入第二期（嘉湖山莊）賞湖居第4座單層數的半幢單位，估計達152個，而內部認購較公開發售價，一般便宜約5%。

除愛美高外，嘉湖山莊第二期賞湖居第3座，是另一幢以內部認購方式轉手的單位。該批爲數2%個單位的現貨單位全幢公開推銷，20層樓以上的18層單位，買家一次認購3至4個單位才可交易。

嘉湖山莊內部認購猖獗，複式單位加80萬～100萬，普通單位加幾十萬，一個單位未到家，已有幾個人經過手，賺過幾次錢，其中第一二手「特權階級」，自然賺得最厲害……

特權階級炒完嘉湖山莊，又去炒海怡半島。但怎料，李嘉誠一聲令下，吩咐立即「叫停」，說嘉湖內部認購做得太揚，海怡和下一個樓盤都要收斂。長實嫡系人馬可以內部認購，但只能轉讓給直系親屬。

海怡花園示範單位擠得水泄不通，門口亦有地產代理商兜客，加10萬、加15萬出售內部認購單位！照人計算賣樓反應不會差。當時很多人都說李嘉誠最照顧炒家，近期多個樓盤中，炒家在此賺錢。儘管這樣，香港新聞界人士認爲，「與那些與公眾對著幹的地產商比，李嘉誠則算有分寸、有節制。」從贏利的商業角度來看，炒地炒樓可以更多地搜取利益，只是苦了買樓用戶；從長遠的角度看，拂逆顧客的做法最終都會招致惡果。

1991年11月6日，新上任的財政司麥高樂，宣佈增加樓宇轉讓印花稅和限制內部認購比例，以殺樓市炒風，平息民怨。

李嘉誠雖知悉此事，但是因籌備多時，耗費相當財力精力，改期不利。於是，天水圍嘉湖山莊第一期仍如期開盤。次日，炒家買家十分踴躍，排隊的長龍浩浩蕩蕩，3天內竟有3萬人登記，相當於發售的1752個單位的20多倍。

麥高樂對此大爲不滿，覺得李嘉誠明知他在當天宣佈打擊炒樓措施，卻偏偏不避風頭在同日推出大樓盤，與政府「對著幹」。麥高樂於是使出厲害的招數，11月13日由銀行監理處致函各銀行，將新舊住宅樓宇按揭貸款，由原來的八九成，降至七成。

李嘉誠毫不示弱，11月21日在其「家店」——希爾頓酒店，設宴招待來訪的加拿大卑詩省總督。李兆基、鄭裕彤、郭炳湘、郭鶴年、何鴻、羅嘉瑞等地產巨頭應邀作陪。有人認爲，這是向港府「示威」，如果逼人太甚，他們將把投資重點移向加拿大等美歐澳國家。

當有記者詢問他們對政府降低按揭成數的反應。一貫在公眾場合甚少開腔的李兆基率先表態，聲稱會通過自己旗下的財務公司，提供較高的按揭成數，防止樓市下跌。其他地產巨頭異口同聲附和，口氣異常堅決。李嘉誠在記者的窮追下，最後也表態說，希望能與政府協調好關係，如果地產同仁都這樣，他也會跟隨潮流。

麥高樂等一批官員，對地產商的「對臺戲」異常惱火。第二天，麥高樂與滙豐銀行大班、恒生銀行主席緊急磋商，由兩位金融寡頭出面還擊。香港銀行公會主席浦偉士措辭極爲激烈，嚴厲警告地產商：如果一意孤行，日後其他發展計畫將得不到銀行的支持。

香港首席財主滙豐大班發了話，地產商馬上妥協，在第一時間召開記者招待會，聲明接受7成按揭規定，並無意與銀行過招，但日後的事實證明，李嘉誠等地產巨頭，只是作策略上的退讓。

按照李嘉誠的一貫性格，是不會自己撞在槍口上的。但是這一次他撞上了，李嘉誠敢於與港府「對著幹」，顯示了華資尤其是地產華商日益強大的實力。此外，李嘉誠也不是故意作對，日期湊巧相同，而改期不利。因爲有不怕的心理，李嘉誠便我行我素。面對港府的威脅，李嘉誠率領的地產群豪並沒有善罷甘休，他們用自己的方式在爭取主動。作爲商人，不能貪得無厭，以非正常手段謀取不應得的利益，同時，面對正當利益，也不能退縮。該爭取的一定要主動爭取，否則生意就無法進行下去。

3 能進能退，不爭一時之氣

做生意就要做到能進能退，有利的時候能主動進攻，遇到危險的時候主動撤退。這樣才能把生意做得長久。李嘉誠能夠順利地走到今天，跟這有著很大的關係。當年，他收購置地公司的那件事足以說明李嘉誠是一個能夠在生意場上進退自如的人。

1987年，怡和置地公司慘澹經營，已經到了舉步維艱的地步，外界對於財大氣粗的華商集團有意向置地公司收購的傳言四起。

據說，李嘉誠也為此拜訪了西門・凱瑟克，李嘉誠當時對置地公司股權的收購表示出了意願，也有跡象表明他確確實實已經開始行動，但是他始終沒有表現出太大的積極性和主動性。

李嘉誠知道這對於低價購買置地公司的股權來說並不是最好的時機，所以他一直按兵不動，靜靜地等待最佳時機的到來。

1987年10月19日，扶搖直上的香港恒生指數因為受到華爾街大股災的影響，突然開始暴跌，置地公司的股票也下跌大約40%，凱瑟克家族的人也為此感到惶恐不安。

1988年3月底恒生指數就開始慢慢回升。本來對於李嘉誠來說，這已經是放手一搏的大好時機，但是事情卻突然發生了重大的變化。因為怡和公司的一干人，面對華商的挑戰，不願意束手就擒，凱瑟克和包偉世急忙進行磋商，開始著手計畫反收購行動。4月28日，怡策與他所控股的文華東方發佈了一則聯合聲明：由文華東方以每股4.15港幣的價格，發行10%的新股給怡策，使怡策持有文華東方的股權比重由35%增加到41%。

李嘉誠從變化的局勢中立刻看出，收購置地公司的最佳時機，可能已經不存在了。

為了有效地防止置地公司走上文華東方的路子，5月初，李嘉誠和鄭裕彤、李兆基以及榮智健等一起決定，趁怡和公司另一波反收購行動前向怡和公司攤牌。面對西門・凱瑟克和包偉世，李嘉誠開門見山地說明了長江實業收購置地公司的誠意，並提出了自己的方案，即以每股12港幣的價格，收購怡和公司所持有的置地公司25%的股權。

早已有所準備的凱瑟克毫不客氣地表達了否定的觀點，他說：「不成，必須每股17港幣。這是去年大股災前你鄭重其事開出的價格。李先生素以信用爲重，不可出爾反爾。置地公司只是市價下降，實際資產並未有半點損失，爲何能從每股17港幣降到12港幣呢？」

對於凱瑟克的精明老到，李嘉誠顯得很平靜，他反問凱瑟克說：「每股17港幣的價格，並不是當初雙方商談的最終價格，大家都對此表示了願意繼續談判重新議價。市價是一切價格的依據，是商場活動的一個很重要的原則。目前置地公司的市價才每股8港幣多一點，以每股12港幣這樣高出近4元的價格收購，怎麼能算是收購價下跌？」可惜，隨後鄭裕彤咄咄逼人，對包偉世挑戰說：「既然談不攏，只好市場上見，我們四大財團將宣佈以每股12港幣的價格全面收購。」對此，包偉世強硬地表示願意奉陪到底。

至此，局勢對於李嘉誠來說已經明朗至極，收購置地公司的大好時機已不復存在，適時放手才是當務之要。分析此原因，主要是怡和面對華資財團的收購並沒有坐以待斃，如他們真的像處理文華東方一樣對待置地公司，華商反而會處於一種被動和不利的地位。

因此，若要成功收購置地，就必須付出極大的代價。李嘉誠並不是一個逞一時之能的人，在適當的時候放棄，是他投資的一個很重要的原則。而選擇放棄的時機也同樣尤爲重要，過早也許會失去挽回局面的機會，過晚則會在僵持不下的時間裡消耗大量元氣。

有利可圖的時候，自然是要主動進攻。李嘉誠在置地已經搖搖欲墜的時候提出收購正是主動進攻的表現。當怡和發起反收購的時候，李嘉誠並沒有不顧一切，堅持收購，而是主動與對方達成協議。這就是退的智慧。雖然李嘉誠最後沒有成功的收購置地，但是也從中獲取了不少的利益。

所謂「和氣生財」，做生意不能做意氣之爭，那只會兩敗俱傷。條件允許時主動進攻；條件不允許時主動退出。在這一進一退中，蘊藏著商人的智慧。

4 果斷進入，斷然抽身

李嘉誠是靠著塑膠花起家的，但是現在的他早已不再涉足這一領域。當年的李嘉誠就是在事業最輝煌的時候果斷地抽身，慢慢地淡出塑膠產業，轉而投向房地產，才有了今天的成就。

經過了一番風風雨雨，李嘉誠終於在商海中站穩了腳跟，並且贏得了「塑膠花大王」的美譽，賺得盤滿缽盈。但是李嘉誠並沒有沉醉於一時的成功裡。處於全港塑膠業領先地位的他，空閒之餘常會思考這樣一個問題：塑膠花的大好年景還會持續多久？什麼時間會結束呢？雖然長江公司擁有穩固的大客戶，同時又是塑膠業的龍頭老大，不用發愁市場問題。但如果整個行業在走下坡路，長江的發展前景也不容樂觀。

除此之外，越來越多的因素在向李嘉誠敲著警鐘。香港塑膠廠已是遍地開花，塑膠花簡直都快氾濫成災了。據港府勞工處註冊登記的資料，塑膠及玩具業廠家，1960年爲557家，1968年爲1900家，1972年則猛增至3358家。

李嘉誠深知，塑膠花業之所以這樣興旺，一方面是由於這種產品本身所具備的某些優點；另一方面是它迎合了人們追求時髦的心理，甚至後者才是最爲主要的因素。曾幾何時，富人窮人，全都以繫塑膠褲帶為榮，可是沒過多久塑膠褲帶便逐漸地無人問津了，因為人們發現還是真皮褲帶好。

塑膠花又何嘗不是如此呢？儘管塑膠花可以變幻無窮，但無論怎麼變最終還是塑膠花，絕對無法完全替代充滿自然氣息的植物花。李嘉誠從海外雜誌上瞭解到，有的家庭已把塑膠花掃地出門，又重新種上了天然的植物花。在國際塑膠花市場，發達國家的需求量日益減少，已形成了嚴重積壓的局面。市場已開始逐漸地向南美等中等發達國家傾斜了，而這些國家，也在利用當地的廉價勞動力生產塑膠花。

在香港，勞工工資逐年遞增，勞動力不再低廉。由於塑膠花屬於勞動密集型產業，它的發展一定不會長遠。香港已出現過幾次塑膠花積壓現象，主要原因就在於生產過濫和歐美市場的萎縮。雖然積壓並沒有造成大災難，也還不至於直接影響到長江，卻引起了李嘉誠的高度重視。

正是基於這一系列的分析，李嘉誠採取了措施。他慢慢地將生意從塑膠產業退出，開始把全部精力投注於締造以地產為龍頭的商業帝國，這也是他從商以來，在心中漸漸醞釀成形的宏偉抱負。與塑膠花相比，後者在他的心目中地位更重要。精明的李嘉誠在別人紛紛退出房地產業的時候，果斷地吸納更多的地產，等到香港經濟形勢好轉，地產價格竹節攀升的時候，開始拋售。這一次，李嘉誠賺得更是盆滿缽盈。

李嘉誠是第一個進入塑膠花產業的商人，當他賺得第一桶金的時候，塑膠產業已經飽和。這個時候他主動的退出，轉向人人都退出的房地產業。無論是進入還是退出，他都占盡先機。這種不一樣的經營理念，成就了現在的李嘉誠。

第11堂課

學會善借外力以小搏大

縱觀那些白手起家的商人，發現他們的財富全部都是從無到有，從有到多逐漸累積的過程。一個一無所有的人想要擁有財富就必須學會借雞生蛋，以小博大。所謂「四兩撥千金」，只有充分利用外在的能量，方能氣浪濤天，成江河之勢。李嘉誠是一個善於借雞生蛋，以小博大的人。他能夠收購和記黃埔，完成蛇吞大象的商業活動，正是因為他借助了滙豐的力量。

1 借別人的錢，賺更多的錢

當你資金不足時，怎樣才能打敗強過你的對手，讓自己不斷壯大呢？李嘉誠告訴我們要學會借別人的錢，賺更多的錢。

李嘉誠能夠白手起家，最終締造商業帝國，就是因爲李嘉誠懂得利用別人的錢，賺更多的錢。當年，收購九龍倉事件就是一個借錢賺錢的例子。

李嘉誠雄心勃勃地要收購九龍倉，很快就遇到了實力雄厚的對手——置地公司。以當時李嘉誠的實力來說，根本不足以和置地競爭。正好這個時候，船王包玉剛也要收購九龍倉，李嘉誠就借坡下驢，將手中持有的九龍倉股份轉賣給包玉剛，從中獲利，同時，滙豐出面請他退出這場收購大潮，李嘉誠自然是爽快地答應了。這樣，滙豐就欠下了李嘉誠一筆人情債，這爲後來李嘉誠入主和黃打下了基礎。

實力不足的李嘉誠通過這種迂迴的方式在這場博弈中，取得了巨大的利益。而真正競爭的雙方卻並沒有獲利多少，這就是李嘉誠的智慧，通過借助別人達到自己的目的。李嘉誠不愧是商界精英。

其實，不只李嘉誠，所有的成功商人能夠從弱小走向壯大，都是靠著借錢生錢的方法。

丹尼爾・洛維格9歲時，偶然獲悉鄰居有艘柴油機帆船沉在了水底，船主想放棄它。洛維格向父親借了50美元，用其中一部分雇了人把船打撈上來，又用一部分從船主手裡買下了它，然後用剩下的錢請人把那條幾乎報廢的帆船修理好，再轉手賣了出去。這樣他淨賺了50美元。他知道如果沒有父親的50美元，他難以做成這筆交易。洛維格發現，對於一貧如洗的人，要想擁有資本就得借貸，用別人的錢開創自己的事業，爲自己賺更多的錢。

開始創業的他，沒有一分錢的資金，唯一的方法就是向銀行貸款，可是沒有一家銀行願意貸款給他這樣一個一無所有的人。就在絕望之際，洛維格突然計上心來。他有一條尚能航行的老油輪，他把它重新修理改裝，並精心「打扮」了一番，以低廉的價格包租給一家大石油公司。然後，他帶著租約合同去找紐約大通銀行，說他有一艘被大石油公司包租的油輪，如果銀行肯貸款給他，他可以讓石油公司把每月的租金直接轉給銀行，以分期抵付銀行貸款的本金和利息。

儘管洛維格本身沒有資產信用，但是那家石油公司卻有足夠的信譽和良好的經濟效益。除非發生天災人禍等不可抗拒的因素，只要那條油輪還能行駛，只要那家石油公司不破產倒閉，這筆租金肯定會一分不差地入帳的。洛維格巧妙地利用石油公司的信譽爲自己的貸款提供了擔保。

他拿到了大通銀行的第一筆貸款，馬上買下了一艘貨輪，再動手加以改裝，使之成爲一艘裝載量較大的油輪。他採取同樣的方式，把油輪包租給石油公司，獲取租金，然後又以租金爲抵押，重新向銀行貸款，然後又去買船，如此循環往復，像滾雪球似的，一艘又一艘油輪被他買下，然後租出去。等到貸款還清，整艘油輪就屬於他了。隨著一筆筆貸款逐漸還清，油輪的租金不再用來抵付給銀行，而轉入了他的私人帳戶。

借錢生財，從小到大，從弱到強，洛維格可謂深悟經商之道。

一名不文的他正是借著別人的錢，取得了最後的成功。

生意是死的，人是活的。就算你一無所有，你一樣可以通過一定的方法借助旁人的力量創業。凡是真正成功的大商人基本上都是白手起家的，他們能夠從一無所有到現在擁有巨額的財富，我們一樣也可以。做生意的高超技巧就是借錢生錢，以小博大，贏得最後的成功。

2 貴人相助，成功人生的支點

得到貴人相助，就可以少奮鬥10年，在生意場上也是這樣。「貴人」會是撐起我們成功人生的支點。貴人可以在你弱小的時候，扶持你一把，讓你很快壯大；貴人可以在你遇到困難的時候拉你一把，讓你走出困境。所以，在生意場上結交貴人至關重要。

促使李嘉誠成功的一個能力就是結交貴人。不管在什麼時候，他都很注意和那些實力強過自己的人交往。

李嘉誠是一個具有現代投資理念的人，而且雄心很大，能力很強，爲了獲得更多的資金，他除了招股集資之外，還努力博得銀行的支持，因此，李嘉誠想辦法攀結滙豐銀行。

滙豐的中文全稱是「香港上海滙豐銀行」，創設於1864年，由英、美、德、丹麥和猶太人的洋行出資組成，於次年正式開業，後因各股東意見不合，相繼退出，成爲一家英資銀行。現爲一家公眾持股的在港註冊的上市公司，1988年股東爲19萬人，約占香港人口的3%，是香港所有權最分散的上市公司。

1992年，滙豐銀行收購了英國米特蘭銀行，其資產總值達21000億港元，躋身全球10大銀行之列。1992年底，在港發行股票總市值爲1399億港元，占香港全部上市公司總市值的10.5%。該年度，集團總贏利爲129億港元。

滙豐的聲譽，還不僅僅限於其強大的資金實力，它在香港充當了準中央銀行的角色，擁有港府特許的發鈔權。在數次銀行擠提危機中，滙豐不但未受波及，還扮演了「救市」的「白衣騎士」。

滙豐一直奉行所有權與管理權分離，管理權一直操縱在英籍董事長手中。當時的滙豐集團董事局常務副主席爲沈弼，在20世紀60年代，正是他爲剛入航運界不久的包玉剛提供了無限額貸款，使其成爲一代船王。因而，李嘉誠也想攀上這枝高枝。他沒想到，自己的夢想很快就實現了。1978年，李嘉誠與滙豐銀行聯手合作，重建了位於中區黃金地段的華人行。

李嘉誠與滙豐合作發展舊華人行地盤，商業界莫不驚奇李嘉誠「高超的外交手腕」。其實，熟悉李嘉誠的人都知道，他言行較爲拘謹，絕不像一位談鋒犀利、能言善道的外交家，亦不像那種巧舌如簧、精明善變的商場老手。

李嘉誠靠的是一貫奉行的誠實，以及多年來建立的信譽，尤其是地鐵車站上蓋發展權一役，使他名聲大振，信譽猛增。所有這些，便是他與滙豐合作的基礎。

地鐵車站上蓋發展權一役，雖然沒有給李嘉誠帶來多少利潤，但他在這場戰鬥中顯示出的大智大勇，以及由此帶來的聲名和信譽，令滙豐大班沈弼對這位地產「新人」格外關注，欣賞有加，並產生了合作意向。

原來，早在1974年，滙豐銀行已購得華人行產權。因華人行位於高樓林立的中環銀行區，原來的華人行已年久失修，顯得十分破舊矮小，與該地段的摩天大樓們極不相稱。1976年，滙豐開始拆卸舊華人行，決定清出地基，發展新的出租物業。

由於此時正處於地產高潮時期，該物業又處於黃金地段，因此地產商們聞訊後莫不躍躍欲試，除了想在這一物業中分一杯羹之外，更想借此搭上與滙豐銀行的關係。在地鐵上蓋競投中一舉中標、聲譽大振的李嘉誠自然也是其中之一。他原以爲會經過一番激烈競爭才能取勝，沒想到竟然十分順利地如願以償。沈弼在接到李嘉誠的合作意向資料後，當即拍板確定長實爲合作夥伴。

實際上，除了李嘉誠的商場才幹令沈弼賞識外，李嘉誠曾經賣給沈弼一個不小的面子，這也是李嘉誠攀上滙豐的原因之一。九龍倉爭奪戰中，沈弼派人勸說李嘉誠退出這場戰役，李嘉誠答應了滙豐這一要求，這讓沈弼對李嘉誠的好感又上升了一步。

長實與滙豐合組華豪有限公司，以最快的速度重建華人行綜合商業大廈，大廈面積24萬平方英尺，樓高22層。其外牆用不銹鋼和隨天氣變換深淺顏色的玻璃構成。室內氣溫、濕度、燈光以及防火設施等全由電腦控制；內裝修豪華典雅，集民族風格與現代氣息於一體。整個工程耗資2.5億港元，寫字樓與商業鋪位全部租了出去。

李嘉誠與滙豐合作的良好開端發展爲未來的「蜜月」。滙豐力助長實收購英資洋行，並於1985年邀請李嘉誠擔任滙豐的非執行董事。應該說，李嘉誠能有後來的輝煌，滙豐銀行功不可沒。

做生意，人脈關係很重要，完全靠自己去拚鬥不是不可能成功，只是要付出更多的努力，歷經更多的艱辛。貴人是人脈中最重要的一種。在做生意的過程中，能夠得到貴人相助，才能以小博大，贏得更多的勝利。

3 善借外腦，善聽意見

「一個籬笆三個樁，一個好漢三個幫」，一個人的能力再大，也不可能完成所有的事情，把所有的事情都考慮清楚。特別是做生意，事情冗雜繁瑣，僅憑自己一個人，難免會出現這樣那樣的錯誤。借助他人的能力，多聽取他人的意見，對做生意大有好處。

李嘉誠從一個低微的打工仔，成爲香港首富；長江也由一間破舊不堪的山寨小廠，成爲龐大的跨國集團公司。如果單憑李嘉誠自己，就是一秒也不停地賺錢，也積累不了這麼多財富。所以，最聰明的投資者，都懂得讓別人爲自己賺錢的道理。

李嘉誠曾經說過：「長江取名基於長江不擇細流的道理，因爲你要有這樣的曠達的胸襟，然後你才可以容納細流。沒有小的支流，又怎能成爲長江？只有具有這樣博大的胸襟，自己才不會那麼驕傲，不會認爲自己樣樣出眾，承認其他人的長處，得到其他人的幫助，這便是古人說的『有容乃大』的道理。假如今日，如果沒有那麼多人替我辦事，我就算有三頭六臂，也沒有辦法應付那麼多的事情，所以成就事業最關鍵的是要有人能夠幫助你，樂意跟你工作，這就是我的哲學。」

在李嘉誠手下，有一位叫周年茂的青年才俊，他的父親是長江的元勳周千和。周年茂還在學生時代，李嘉誠就把他作爲長實未來的專業人士培養，送他與其父一道赴外國專修法律。

周年茂回港即進長實，李嘉誠指定他爲公司發言人，兩年後即被選爲長實董事，1985年後與其父周千和一道被擢升爲董事副總經理。周年茂任此要職時才剛30出頭。

周年茂任副總經理，是頂移居加拿大的盛頌聲的缺，負責長實系的地產發展。茶果嶺麗港城、藍田匯景花園、鴨脷洲海怡半島、天水圍的嘉湖花園等大型住宅屋村發展，都是由他具體策劃落實的。他肩負的責任比盛頌聲還大，但他不負眾望，得到公司上下「雛鳳清於老鳳聲」的好評。

長實參與政府官地的拍賣，原本由李嘉誠一手包攬，而現在同行和記常能見著的長實代表，卻是一張文質彬彬的年輕面孔周年茂，一般只是金額太大的時候，李嘉誠才親自出馬。周年茂外表像書生，卻有大將風範，臨陣不亂，該競該棄，都能較好把握分寸，讓李嘉誠感到放心。

霍建寧、周年茂、洪小蓮，被稱爲長實系新型三駕馬車。洪小蓮年齡也不算大，她全面負責樓宇銷售時，還不到40歲。洪小蓮在20世紀60年代末期，長江未上市時，就跟隨李嘉誠當秘書，後來又任長實董事。洪小蓮是長實出名的「靚女」，人長得靚，風度又好，待人熱情，在地產界，提起洪小蓮，無人不曉。

長江總部雖不到2000人，卻是個超級商業帝國。每年爲長江系工作與服務的人，數以萬計，資產市值高峰期達2000多億港元，業務往來跨越大半個地球。大小事務，千頭萬緒，往往都要到洪小蓮這裡匯總。洪小蓮是個徹底的務實派，面試一名信差、會議所需的飲料、境外客戶下榻的酒店房間，她都要一竿子插到底。

長江的地產發展有周年茂，財務策劃有霍建寧，樓宇銷售則有女將洪小蓮。在長江增至長江實業的初期，這些工作由李嘉誠「一腳踢」（一手包攬）。李嘉誠的領導角色，由管事型變爲管人型，如商場戰場流行的一句話：**「指揮千人不如指揮百人，指揮百人不如指揮十人，指揮十人不如指揮一人。」**指揮一人，就是抓某一部門的主要責任人。當然，對集團的重大決策事務，李嘉誠還得親力爲之。

李嘉誠爲了從塑膠業徹底脫身投入地產業，聘請美國人Erwin Leissner任總經理，李嘉誠只參與重大事情決策。其後，長江工業再聘請美國人Paul Lyons爲副總經理。這兩位美國人是掌握最現代化塑膠生產技術的專家，李嘉誠付給他們的薪金，遠高於他們的前任，並賦予他們實權。

李嘉誠入主和黃洋行，李嘉誠提升李察信爲行政總裁，自己任董事局主席。到1983年，李察信與李嘉誠在投資方向上「不咬弦」，李察信離職，李嘉誠又雇傭另一位英國人——初時名不見經傳，後來聲名顯赫的馬世民。

李嘉誠的聰明之處就在於善於借助外腦，借助旁人的智慧，幫助自己經營。人才的累積是李嘉誠集團走到現在的重要原因。這正是一種積少成多的智慧。人才的儲備讓他擁有了更多的能力來發展公司。

4 強強聯手，優勢互補

任何一個企業都不可能是十全十美的，總是有各方面的不足，這在很大程度上制約企業的發展，還會授人以隙，給人可趁之機。作爲企業的領導人必須想辦法解決這個問題。強強聯合無疑是最好的選擇。

強強聯合是現代企業發展採取的一項重要方法。強強聯合能合理配置資源，使資源得到最大化利用；強強聯合可以實現優勢互補，以最少的資金做最大的事業；強強聯合可以提高企業的抗風險能力。在瞬息萬變的市場經濟條件下，採取強強聯合的方式做生意，是使企業發展壯大最有效的途徑。

在李嘉誠的經商史中有很多次都是採取強強聯合的方式，做成了以小博大的生意。入主和記黃埔、蛇吞大象，被稱為商場中的奇蹟。李嘉誠的商業帝國雖然強大，但很多時候也需要和別的公司合作，實現優勢互補。特別是李嘉誠開始內地投資以後，更是注重這一點。

內地市場和香港畢竟有所不同，李嘉誠要想在內地有所作為，必須依靠內地一些大企業的支撐，才能有所發展。2004年10月19日，李嘉誠旗下的和記黃埔與深圳中航集團在深圳威尼斯黃冠假日酒店共同舉行深圳和記黃埔中航地產有限公司成立發佈會，正式宣佈兩大集團聯手打造的「航母級」商業地產專案「中航廣場」開始啓動。

這一次合作被人稱為是資金與土地的完美結合。其實早在李嘉誠和中航集團合作之前，就有好幾家大型的地產開發公司合作開發房地產事業。中航地產副總經理、該專案主要負責人歐陽昊認為：「合作是一個趨勢，尤其是對於大地產專案而言，即使開發商有能力獨家做起來，但並不一定能做得很成功。合作可以互補優劣，降低風險，如果跟合作夥伴能把專案做得更好，當然是選擇合作。」

中航早在兩年前就進行過多次招商，與多家國際投資商商談過該專案的運作。歐陽昊說：「我們一開始就把眼睛盯在境外地產商身上，不僅僅只考慮對方口袋是否有足夠的錢，主要還考慮管理運營，對方是否有能力把這個專案經營好。這種商業地產專案主要以經營租售為目的，我們需要引進先進的開發與管理經驗。」

早在2003年就傳出，中航看好和黃，和黃也看好中航的傳言。事實上，2002年中航就已經就這一專案與和黃進行了談判，當年12月就下達了意向書。2003年的年底簽署了合作協定。

歐陽昊對和黃這個合作夥伴相當滿意。他說：「房地產開發是一個地域性很強的行業，它包含的文化因素比較豐富，我們開發的專案主要是商業性的，以租售經營為目的。和黃地產有很豐富的國際房產運作經驗，而且對中國市場文化比較瞭解。」

事實上，李嘉誠近年來不斷增加在內地地產業的投資，尤其是珠三角地區，他看中的是其未來廣闊的發展前景。隨著內地經濟持續增長、城鎮化進程加快，房地產的市場需求將會逐步擴大。此外，拆遷安置工程也將增加市場的整體需求，這將給投資商帶來無限商機。

李嘉誠明白，深圳是一個寸土寸金的地方，自己是一個外來商人，很多事情有諸多不便，想要在深圳發展房地產市場，必須依靠深圳本地的企業。和黃地產副董事總經理徐建東表示，由於深圳市中心可供發展地皮不多，因此決定跟中航集團合作，同時也看好深圳未來的商業及零售物業前景。

整個合作方案中，優勢互補體現的淋漓盡致。和黃難以在深圳取得土地，土地就有中航出；中航資金不足，資金就由和黃負責。中航廣場專案由李嘉誠旗下的和黃控股。李嘉誠通過這一合作案，解決了他自己不能解決的問題，既實現了在深圳開發房地產的目標，又得到了實在的利益。

不管有多麼強大的實力，總是有做不到的事情。想要在商場中獲得更大的發展，必須與旁人合作。強強聯合是最好的一種合作方式，兩個實力相當的企業合作，能夠互相幫助，解決由任何一方都不可能獨立解決的問題，實現了利益的最大化。強強聯合可以實現雙贏的局面，使兩方同時都能夠做到以小博大。

第12堂課

在最危險之處博取利潤

風險與利潤永遠是並存的，不敢向新的領域投資，不敢擔當風險的人永遠不會取得成功，也難以在商場中立足。一個成功的商人必須具備洞察危險的能力，防患未然，同時還必須敢於投資危險之處，在危險中博取利潤。李嘉誠敢於打破常規，向別人一致認為危險重重的領域大膽投資，結果賺得盆滿缽盈；在生意一帆風順的時候，他又預知到危險的存在，想辦法將危險消除或者降低。

1 時刻都要做好準備

無論在什麼樣的環境下，我們都不應該忘記潛在的危險，要時時刻刻保持警惕，尤其是在生意一帆風順的時候，更不能得意忘形。要知道危機往往會在你不注意的時候，打你一個措手不及。所以，李嘉誠強調：**「身處在瞬息萬變的社會中，應該求創新，加強能力，居安思危，無論你發展得多好，時刻都要做好準備。」**

李嘉誠深知時代在不斷發展，社會瞬息萬變，很多東西都會被新鮮的事物所替代，不可能永久是朝陽產業。所以，不論到了什麼時候，李嘉誠都不會沉浸在成功之中，他總是把時間花在思考公司未來的出路問題上，因爲他總是能夠在生意紅紅火火的時候，預見到未來將會發生的危機。

李嘉誠的塑膠廠，在經歷第一次危機復甦後，生意蒸蒸日上。訂單如雪片飛來，工廠通宵達旦生產，營業額呈幾何級數增長。李嘉誠的信譽有口皆碑，銀行不斷放寬對他的貸款限額；原料商許可他賒購原料；客戶樂意接受他的產品，派送大筆訂單給他。

春風得意的李嘉誠，卻開始思考另外一個問題。香港的塑膠玩具廠已經有300多家，而且所生產的產品大同小異，照這樣下去，塑膠玩具廠早晚要倒閉，必須尋求新的出路。

在塑膠產業已經折騰了7年的李嘉誠，已經開始有了憂患意識。表面的安逸不能帶來長久的發展。於是，李嘉誠開始將眼光轉向國際市場，他發現塑膠花是塑膠產業裡一個新的門類，在香港沒有生產，在這一產業裡投資一定能夠獲得發展。於是，他不辭辛苦，到義大利去學習塑膠花生產的工藝。

學成歸來的李嘉誠成為香港第一個生產塑膠花的人，初嘗成功滋味的李嘉誠沒有沉浸在喜悅中，他知道，香港很快就會出現更多的塑膠花生產企業，要想穩坐塑膠花產業的「龍頭」位置，必須擴大長江塑膠廠的規模。於是，李嘉誠開始募集資金，擴大廠房，增加生產規模。通過一系列措施，長江生產的塑膠花不僅在香港銷售，東南亞，乃至歐美地區都有了長江生產的塑膠花。

隨著李嘉誠的業務不斷拓展，他在塑膠產業龍頭老大的地位得到鞏固，被人稱為「塑膠花大王」。

在塑膠產業走向巔峰的李嘉誠又一次意識到危機的到來。塑膠花雖然有很大的優點，畢竟不能替代真花，隨著人們思想觀念的轉變，親近自然的心態逐漸濃重，塑膠花終將被淘汰出局，要想不被打垮，必須另想出路。

這一次，李嘉誠將眼光瞄向房地產行業，他慢慢地淡出塑膠產業，將資金回籠，然後投入房地產行業。他的預見性再次為他帶來了生機，投資房地產業的李嘉誠再次賺得盆滿缽盈。

在以後的經商歲月裡，李嘉誠總是能夠在平和的環境下預知潛在的風險，提前做好準備，在別人受到重創的時候，李嘉誠總是能夠安穩度過危險期，並且能夠在大危機中謀得更大的發展。

這種居安思危的思想讓李嘉誠的事業穩步上升，從未出現過大的風浪。即使再大規模的經濟危機中，李嘉誠依然能夠實現平穩過渡。在這種思想的幫助下，李嘉誠的事業越做越大，涉及的門類越來越廣，終於成就了現在的商業帝國。

著名地產商馮侖曾說過這樣一句話，「我想到的不是企業怎麼活，而是怎麼死。」這句話就是提醒商人居安思危，時時刻刻想著如何規避潛在的風險。生意場上瞬息萬變，作爲商人，必須根據客觀環境的變化，適時調整發展策略，才能保證在經濟大潮中不被打倒。

2 將資金和風險一起分散

投資理論裡有一個金科玉律，那就是「不要把雞蛋放在一個籃子裡」，意思很明顯，就是要把資金進行適當的分配，投到不同的行業裡，達到分散投資風險的目的。做生意也是一樣，最好不要把所有的資金投放到一個地方，否則一旦出現問題就會全軍覆沒。

做生意是有風險的。爲了保證生意的順利進行，我們應該儘量地規避風險。分散資金就是一個最好的辦法。只要我們的資金沒有投放到一個地方，就算其中的一個或者兩個產業垮掉了，我們依然有其他地方的資金作爲支撐，東山再起就不是什麼難事。李嘉誠做生意就堅守這個信條。當年他意識到塑膠產業在不久的將來將不再是朝陽產業而轉向房地產的時候，並沒有直接退出塑膠產業，將所有的資金都放到房地產行業，而是依然保留塑膠廠，只是將生意的中心轉到房地產業而已。

俗話說，「東方不亮，西方亮」。資金分散之後，不可能全部賺錢，但是總是會有賺錢的。李嘉誠的投資一直都是堅持這一原則。

1980年代中後期，李嘉誠把視野放在全球，在加拿大、英國、新加坡、日本都有他投資的足跡。

1980年代中後期，加拿大經濟局勢嚴峻。但加拿大最大的收穫就是「逮住」了世界華人首富李嘉誠，僅他一人，就為經濟面臨衰退的加拿大帶來100多億港元鉅資。香港眾多華商，又追逐李嘉誠的腳步，他的好友同樣是世界級華人富豪鄭裕彤、李兆基等競相向加拿大進軍。

兼任加拿大赫斯基公司主席的馬世民充當了李嘉誠的「西域」大使。他是主張海外擴張的強硬派。李嘉誠早就萌生了締造跨國大集團的雄心壯志，現在和黃、港燈相繼到手，現金儲備充裕，時機已經成熟，他自然想大顯身手。

李嘉誠、馬世民以及長江副主席麥理思，開始頻繁穿梭於太平洋上空。1986年12月，在加拿大帝國商業銀行的撮合下，李氏家族及和黃透過合營公司Union Faith投資32億港元，購入加拿大赫斯基石油公司52%的股權。時值世界石油價格低潮，石油股票低迷，李嘉誠看好石油工業，做了一筆很合算的交易。這是當時最大一筆流入加拿大的港資，不但轟動加拿大，亦引起香港工商界的騷動。

1988年馬世民會見美國《財富》雜誌記者時說：「若說香港對我們而言太小，這的確有點狂。但困境正在日漸逼近，我們沒有多少選擇餘地」。

有做大雄心的李嘉誠投資英國，幾乎與加拿大同步進行。1986年，他斥資6億港元購入英國皮爾遜公司近5%股權。該公司有世界著名的《金融時報》等產業，在倫敦、巴黎、紐約的拉扎德投資銀行擁有權益。該公司股東擔心李嘉誠進一步控得皮爾遜，不甘讓華人做他們的大班，組織反收購。李嘉誠隨即退卻，半年後拋出股票，贏利1.2億港幣。

1987年，李嘉誠與馬世民協商後，以閃電般的速度投資3.72億美元，買進英國電報無線電公司5%股權。李嘉誠成爲這家公眾公司的大股東，卻進不了董事局。原因是掌握大權的管理層，提防這位在香港打敗英國巨富世家凱瑟克家族的華人大亨。1990年，李嘉誠趁高拋股，淨賺近1億美元。

李嘉誠進軍美國的一次浩大行動是1990年，試圖購買「哥倫比亞儲蓄與貸款銀行」的30億美元有價證券的50%，涉及資金近100億港元。因爲這家銀行是加州遇到麻煩的問題銀行，捲入了一系列複雜的法律程式中，結果李嘉誠的投資計畫擱淺。

李嘉誠在美國最「著數」（合算）的一筆交易，是他與北美地產大王李察明建立友誼。李察明陷入財務危機，急需一位「疊水」（粵語水即錢，意為很富有）的人爲他解危，並結爲長期合作夥伴。爲表誠意，李察明將紐約曼哈頓一座大廈的49%股權，以4億多港元的「縮水」價，拱手讓給李嘉誠。

在新加坡方面，萬邦航運主席曹文錦邀請香港巨富李嘉誠、邵逸夫、李兆基、周文軒等赴新加坡發展地產，成立新達城市公司，李嘉誠占10%股權。

1992年3月，李嘉誠、郭鶴年兩位香港商界巨頭，通過香港八佰伴超市集團主席和田一夫，攜60億港元鉅資，赴日本札幌發展地產。

不管做什麼樣的投資，最重要的就是規避風險，所以，一定不能把所有的資金都投到一個地方。分散投資，總是會有一個地方賺到錢。

3 愈危險的地方， 愈有最大利潤

「愈是在最有危險的地方，愈是有最大的利潤」，許多人對此都可爛熟於心，但是缺乏運用的真功夫。何以如此呢？關鍵之一是不敢涉足危險！李嘉誠始終相信利潤與危險並存，因爲「捨不得孩子套不住狼」，所以他敢把自己置於危險之中，一則挑戰自己的經商能力，二則獲取最大的利潤。這個是他最擅長的「博取術」。

李嘉誠的長江塑膠廠打開了歐洲市場以後，李嘉誠認爲，自己還有能力再次擴大市場。當時，北美擁有極大的市場，於是，李嘉誠決定積極進取，主動出擊，開拓出一片自己主控的北美市場。

首先，李嘉誠印製了大量精美的產品廣告畫冊，然後通過香港政府有關機構和民間商會瞭解到北美各貿易公司的地址，將廣告宣傳冊分發出去。不久之後，李嘉誠便收到了來自北美的資訊回饋。北美一家大規模的貿易公司，對長江塑膠廠的塑膠花款式和報價都非常滿意，決定派採購部經理來香港，以便選擇樣品，考察工廠，洽談業務。

李嘉誠接到消息後，立即通過人工轉接的越洋電話與北美廠商取得了聯繫，表示「歡迎貴公司代表來港」。這家公司提出了一個要求，他們希望在時間允許的情況下，李嘉誠能陪同一起走訪參觀一下香港其他的塑膠花生產廠家。這個要求對於李嘉誠來說，是一個極大的考驗，這就意味著，人家來香港並不一定要買你的產品，如果有比你更合適的，你就只好白白「爲他人作嫁衣裳」了。

李嘉誠也很清楚長江塑膠廠目前所處的狀況，雖然他對於生產技術和產品品質非常自信，但是在工廠格局和生產規模上卻無法與香港其他那幾家實力雄厚的大型塑膠廠相抗衡。

李嘉誠決定放手一搏，他立刻回到公司召開高層會議，宣佈了自己令人震驚的決定，即在一周之內，將長江塑膠廠生產塑膠花的規模儘量擴大到令外商滿意的程度！當時李嘉誠正在北角籌建兩座工業大廈，原計劃建成後留兩套標準廠房給長江實業使用，但是從時間上看，已經來不及了，他只有另外租借廠房，以解燃眉之急。

於是，李嘉誠委託房地產經銷商，在北角最繁華地段的工業大廈租了一套標準廠房，占地約一萬平方英尺。租金、遷移廠房的費用大部分都是從銀行借得的高額貸款，爲了這些貸款李嘉誠把籌建工業大廈的房地產作爲了抵押。此一舉動，可以說是李嘉誠此生最大也最爲倉促的決定。如果失敗，李嘉誠可能付出的代價就是失去多年來苦心經營的事業！風險多麼巨大，一向作風穩健的李嘉誠心裡非常清楚。

李嘉誠和他的全體員工一起，整整奮鬥了7個晝夜，每天休息的時間最多不超過4個小時。在工程的進展中，李嘉誠忙而不亂，哪些人在什麼時間做什麼事情、工作進度都在他的掌握之中。由此可見，李嘉誠的大膽是以謹慎爲前提的，絕對沒有一點草率行事的樣子。

結果，北美那家貿易公司在7天後準時到達香港的時候，新工廠的設備才剛剛調試完畢。李嘉誠只能將人員上線和生產事宜交給助手，自己到機場去接待外商。在回程的路上，李嘉誠懷著忐忑不安的心情問外商：「是先休息還是先到工廠參觀？」沒想到心急的外商立刻就回答：「當然是先參觀工廠！」

在去工廠的路上，李嘉誠心裡一直感到很不安。人員是否都已順利上線？生產是否已經正式進行？他心裡也沒有數，直到汽車抵達工業大廈，聽到熟悉的機器響聲和熟悉的塑膠味道，李嘉誠一顆懸著的心才算落下來。

外商在李嘉誠的陪同下，參觀了長江塑膠廠的生產流程和樣品陳列室，感到各方面都非常滿意。他對李嘉誠說：「李先生，在我動身之前，認真看了你的宣傳畫冊，知道你有一家不小的廠和較先進的設備，但沒想到規模這麼大、這麼現代化，生產管理是這麼井井有條。我不想恭維你，你的廠完全可以與歐美的同類型廠商相比。」

後來，李嘉誠如願以償地和這家北美貿易公司建立起了良好而穩定的長期合作關係，在塑膠花生產項目經營中獲得了很大的利潤。同時，通過這家公司，李嘉誠還獲得了加拿大帝國商業銀行的信任，爲自己進一步開拓海外市場奠定了良好的基礎。

在經商的過程中，必須謹慎行事，但是有時也要冒險。利潤與危險同在，敢於向危險發出挑戰的人，才能從中獲得最大的利潤。

4 見招拆招，變「危」為「機」

做生意難免會遇到危機，誰也不可能預見到所有的危機而提前做好準備。作爲商人，在面臨不可預知的危險時，要懂得靈活應變，見招拆招，變「危」爲「機」。很多人就是因爲沒有靈活應變的能力，所以，在危機的衝擊下，一敗塗地。

李嘉誠經商幾十年，大大小小的危機經歷了不知道多少次，但是從來沒有哪一次危機能夠把他打倒。面對危機，他不是已經預見到而提前做好準備，就是能夠見招拆招，化危機爲機遇。

經過多年的發展，李嘉誠旗下的和記黃埔主要從事5項業務，即港口、地產、零售和製造、電訊、能源和金融，收入和利潤構成比較分散。1997年亞洲金融危機爆發，和黃受到嚴重衝擊。隨著危機的進一步加劇，比如，其地產部門1998年的稅前贏利比1997年減少23%，這還不包括巨額的特殊設備；港口業務1998年同比下滑8%，最重要的國際貨櫃碼頭葵湧的業務出現收縮；零售、製造和其他服務部門1998年的經常性息稅前贏利同比減少37%，其中，零售部門的百佳超市和屈臣氏大藥房在內地出現虧損，香港豐澤電子器材連鎖店贏利持續疲弱。

面對這一形勢，李嘉誠採取出售資產的方式來平滑業績波動。和黃首先出售了寶潔和記有限公司的部分權益。寶潔和記有限公司成立於1988年，寶潔持有69%股權，和黃持有31%。1997年，和黃與寶潔對原協議進行了修改，和黃出售寶潔和記10%的權益給寶潔，雙方股權比例變爲80%　20%。由此，和黃在1997年、1998年分別獲得特殊溢利14.3億港元和33.32億港元。

另一項重要出售是亞洲衛星通訊。爲了集中精力發展移動通信業務，和記電訊於1997年和1998年分兩次出售了持有的全部54%的股份，扣除成本共贏利23.99億港元，分別爲1997年和1998年增加特殊溢利15.15億港元和6.84億港元。此外，和黃還在1998年將和記西港碼頭10%的股權出售給馬士基，一次性獲得4億港元收益，並計入了營業利潤。

這兩項資產的出售對和黃平滑業績起到了重要作用。和黃1997

年淨利潤較1996年增長2.05%，1998年淨利潤較1997年下滑29.02%。如果沒有上述出售交易，則1997年淨利潤較1996年下滑22.45%，1998年較1997年下滑65.02%。在經營形勢更為嚴峻的1999年，和黃出售了從事歐洲移動電信業務的Orange，得到1180億港元的巨額利潤，一舉扭轉了1997年以來「節節敗退」的局面。

不只是李嘉誠，世界上能夠經歷大風大浪始終屹立不倒的企業都是具有這種能力的。面對突如其來的危險，他們總是能夠想到辦法，轉危機為機遇，在危急中成就自己。

法國礦泉水「碧綠液」不僅在法國暢銷，還遠銷到美國和日本等國家。

1989年2月，美國食品衛生部門在抽樣檢查中，發現部分「碧綠液」礦泉水，含有超過規定標準兩倍的苯，長期飲用，有致癌的危險。消息傳出，「碧綠液」礦泉水的銷量直線下降。

面對這一情況，碧綠液公司決定借此機會，提高自己的知名度。於是，碧綠液公司馬上舉行記者招待會，向來自各地的記者們宣佈：把同一批銷售到世界各地的1.6億瓶礦泉水，全部就地銷毀，公司另用新產品補償。

這一消息傳出，輿論界一片譁然，大家都很不理解。為了幾十瓶不合格的礦泉水，銷毀價值兩億多法郎的礦泉水，還要全部補償給消費者，這是不是有點小題大做。

新聞媒體開始對整件事情進行全面的報導，一時間眾多媒體紛紛以全版報導這一事件。很快，消息就在世界傳開。碧綠液公司對顧客負責，為顧客著想的美名傳了出去。這不僅重建了消費者對碧綠液產品的信心，還大大提高了公司的知名度。

「碧綠液」公司在這一危機事件中表現出的智慧令人欽佩。雖然損失了不少的錢，但是卻把一個危機事件轉化成了一個機遇。媒體的紛紛報導比任何華麗的廣告更能贏得消費者的信賴。「碧綠液」礦泉水新品上市後，銷量一直居高不下。

在企業的經營中，見招拆招的能力非常重要。很多突發事件都需要這種能力，才能轉危爲安。要保證企業的長久發展，就必須學會見招拆招。

第13堂課

自己發財也讓別人發財

李嘉誠認為，當貿易的雙方都遵守互惠原則時，就會演變成自由貿易的關係；反之，若有一方不遵守互惠原則就會形成保護主義。商場中，競爭是不可避免的，但是競爭並不是商場的全部，合作才是商場健康向上發展的重要前提。一個商人想要在商場中取得成功，就必須學會與人合作，在自己獲得利益的同時，也給別人足夠的利益空間。

1 一個好漢三個幫

成就事業靠什麼？李嘉誠給了我們一個答案，他說：「假如今日，如果沒有那麼多人替我辦事，我就算有三頭六臂，也沒有辦法應付那麼多的事情，所以**成就事業最關鍵的是要有人能夠幫助你，樂意跟你工作，這就是我的哲學。**」

個人的智慧和能力總是有限的，想要把生意做大做強，必須借助專業人才的力量，只有眾人的協助，才能更好地經營公司。所以，作爲企業的領導者必須有識別人才和留住人才的能力。

在李嘉誠看來，企業發展的關鍵因素就是人才的吸引和使用。李嘉誠多次在接受傳媒訪問時表示，企業能否吸引到足夠的人才，將是在商業競爭中勝出的關鍵。

「海納百川，有容乃大」。李嘉誠最初創業的時候，將工廠的名字命名爲「長江」就是基於長江不擇細流。在以後的歲月裡，李嘉誠一直堅持長江不擇細流的用人觀念。

1980年，李嘉誠提拔盛頌聲爲董事副總經理；1985年，委任周千和爲董事副總經理。1985年，盛頌聲因移民加拿大，才脫離長江集團，而李嘉誠和下屬爲他餞行，使盛氏十分感動。另一名元老周千和仍在長實服務，他的兒子也加入長實，成爲長實的骨幹。

有人說：「李嘉誠這個內閣，既結合了老、中、青的優點，又兼備中西方色彩，是一個成效極佳的合作模式。」

李嘉誠則認爲：「長江實業能擴展到今天的規模，是要歸功於屬下同仁的鼎力合作和支持。」令李嘉誠驕傲的是，他的公司在過去10多年中，中高層行政人員流失率不到1%，比香港的任何一家大公司都要少得多。

有人總結說，李嘉誠的成功是因爲在他周圍聚集了一大批志同道合、才華橫溢的商界英才。的確如此，在長江初具規模的時候，李嘉誠就開始著手選拔人才和發掘人才。他打破東方家族式管理企業的傳統格局，構架了一個擁有一流專業水準和超前意識，而且組織嚴密的現代化「內閣」，來配合他苦心經營起來的龐大的李氏王國。

那麼，李嘉誠究竟靠什麼留住那麼多的人才爲他服務呢？創業之初的李嘉誠沒有足夠的經濟能力給員工提供好的生活。但是李嘉誠身先士卒，帶領員工埋頭苦幹，與員工同甘共苦。李氏的功臣周千和回憶說：「那時，大家的薪酬都不高，才百來港紙（港元）上下，條件之艱苦，不是現在的青年仔所想像的。李先生跟我們一樣埋頭拚命做，大家都沒什麼話說的」。只要工廠一有起色，李嘉誠就會提高員工的工資水準和福利待遇。李嘉誠對自己很吝嗇，但是對員工卻是很慷慨。

李嘉誠坦率地說：「**我不是一個聰明的人，我對我的員工只有一個簡單的辦法：一是給他們相當滿意的薪金花紅，二是你要想到他將來要有能力養育他的兒女。**所以我們的員工到退休的前一天還在爲公司工作，他們會設身處地的爲公司著想，因爲公司真心爲我們的員工著想。」

李嘉誠能夠讓員工願意留下來幫他工作，總結起來也無非就是兩點：一是與員工同甘共苦；二是照顧員工的利益。做到這兩點的李嘉誠讓員工真正打心眼裡佩服，心甘情願地給他工作。跟著李嘉誠工作的員工總是不會吃虧。

現實中，很多經營者就不具備這種素養，他們總是謀取眼前利益，想盡辦法讓員工多爲他工作，卻從來不考慮員工的利益問題。這樣的老闆怎麼能夠得到人心，又怎麼能夠讓員工死心塌地地爲他工作呢？

聰明的經營者總是會以培養人才爲第一要務。他們不會吝惜與員工一起分享利益，只有這樣的老闆才能夠得到員工的認可，才能指望員工真心實意地爲他工作。「得人心者得天下」，生意場上也是如此，能夠得到員工的真心相待，這樣的老闆才能帶領員工將企業發展得更好。

2 眾人開槳才能划動大船

很多老闆在取得成功後，喜歡自吹自擂，將所有的功勞都歸於自己，認爲自己很了不起，將員工的功勞都抹殺掉。這樣的老闆難以贏得人心，在他自吹自擂的同時，就已經埋下了失敗的種子。

李嘉誠取得了巨大的成功，人人都稱他爲「超人」，在眾人的讚揚聲中，李嘉誠說過：「你們不要老提我，我算什麼超人，是大家同心協力的結果。我身邊有300員虎將，其中100人是外國人，200人是年富力強的香港人。」李嘉誠就是一個聰明的領導者，他從來都不獨佔功勞，每次取得成功後，他都會把功勞歸於自己的員工。這樣做是對員工工作的認可和尊重，換來的自然是員工加倍的努力和又一次的成功。

有一次，《明報》記者採訪李嘉誠：「您的智囊人物究竟有多少？」李嘉誠回答說：「有好多吧！凡是跟我合作過、打過交道的人，都是智囊，數都數不清，比如，你們集團的廣告公司就是。」

原來，當初李嘉誠在發售新界的高級別墅群時，曾委託《明報》旗下的廣告公司做代理商。這家廣告公司派人去別墅現場察看，發現別墅確實十分漂亮，然而美中不足的是四周的道路還沒修好，恰好當天下雨，道路泥濘不堪。

於是，廣告商向李嘉誠提議：「能不能稍遲些日子，等路修好，裝修好幾幢示範單位之後再正式出售。這樣不但售得快，售價也可標高。」李嘉誠聽完不停地點頭，感激之情溢於言表。

「兼聽則明，偏聽則暗」，任何事物都是具有多方面屬性的，一個人只能看到其中的一點或者幾點，集思廣益才是最好的辦法。李嘉誠總是善於接受別人的意見，任何員工的意見，只要是合理的，他都能夠接受。

要在企業競爭中獲勝，必須借助團隊的力量而不是領導者孤軍奮戰。管理者一定要善於採取各種手段發揮員工的智慧和力量，從而提升組織運作效率。只有整個團隊眾志成城，才最有可能取得勝利。

李嘉誠非常重視自己的團隊，他會注意保持自己的團隊是一個精英階層。在李嘉誠的企業中，一些能幹的人才都是從人才內閣逐漸進入到領導內閣中的。舉例來說，長江的地產發展有周年茂，財務策劃有霍建寧，樓宇銷售則有女將洪小蓮。霍建寧、周年茂、洪小蓮，被稱爲「長實」系新型三駕馬車。

20世紀80年代中期，「長實」管理層基本實現了新老交替，各部門負責人大都是30~40歲的少壯派。李嘉誠的左右手，還有一個顯著的特色，就是聘用了不少洋人。李嘉誠認為，他聘用洋人是因為集團的利益和工作確確實實需要他們，用洋人管洋人，更利於相互間的溝通。

還有重要的一點，這些老牌英資企業與歐美澳有廣泛的業務關係，長江集團日後必然要走跨國化道路，啓用洋人做「大使」，更有利於開拓國際市場和進行海外投資，因為他們具有血統、語言、文化等方面的天然優勢。

李嘉誠說：「**決定大事的時候，我就算100%的清楚，我也一樣召集一些人，匯合各人的資訊一齊研究，因為始終應該集思廣益，排除百密一疏的可能。**這樣，當我得到他們的意見後，看錯的機會就微乎其微。這樣，當各人意見都差不多統一的時候，那就絕少有出錯的機會了。」

李嘉誠能夠建立他的商業帝國，和他善於借助團隊的力量有密切的關係。李嘉誠是一個真正的領導者。他懂得如何充分地調動員工的積極性，讓員工展現自己的才華；他知道借助整個團隊的智慧來進行商業決策，以保證決策的正確性。沒有人是真正的「超人」，李嘉誠也不是。「超人」是什麼？「超人」就是懂得發揮團隊力量的凡人。

那些白手起家，成就輝煌事業的人，並沒有我們想像的那麼厲害，他們只是比我們更懂得將眾人的智慧集於一身。一個人的強大，不僅在於提高自身的能力，更在於能夠凝聚眾人的能量。擁有一顆謙虛的心和海納百川的胸懷，廣納人言，博採眾長的人，是最容易成就事業的人。

3 揀了芝麻丟了西瓜

很多商人總是不肯吃虧，小小的利益也不肯放過，為了一丁點的利益與對方爭得面紅耳赤，鬧得不歡而散，到頭來揀了芝麻丟了西瓜。做生意的時候不能斤斤計較，錙銖必較，最後失去的往往是大的利益。不管什麼時候，都要適當地照顧他人的利益，讓對方得到利益，最後收穫最大利益的往往是自己。

李嘉誠在做生意的時候，總是會照顧對方的利益。他的這種經營方法不僅贏得了人心，更為事業的發展帶來了巨大的好處。在李嘉誠的事業逐漸上升的時候，他決定讓自己的上市公司轉變為自己私有的公司。事實上這就是一個退市的過程，是另外一種形式的收購。這個時候就要解決那些小股東的問題，這個問題解決不好，事情肯定不能順利解決。

如果換做其他人，肯定會在股市低迷的時候以最低的價格進行收購，但是李嘉誠沒有這麼做。1984年，中英就香港前途問題的聯合聲明簽訂後，香港投資氣候轉晴，股市開始上揚。1985年10月，李嘉誠宣佈將國際城市有限公司私有化，出價1.1港元，較市價高出一成，亦較該公司上市時的發售價高出0.1港元。對於這種價格，小股東自然是大喜過望，紛紛接受收購。李嘉誠這次提出私有化，正在牛市之時，付出了較高的收購代價。

很多人認為李嘉誠看走了眼，沒有在最有利的時機進行收購。事實上，李嘉誠之所以在這個時候選擇收購，就是為了照顧小股東的利益，他不願意趁股市低迷時收購，這樣會使小股東受到損失，對他們不公平。李嘉誠這種做法，贏得了商界的普遍讚譽。

1988年10月，長江實業接著宣佈將青洲英泥私有化。長實控有青洲英泥44.6%股權，在私有化過程中，以20港元一股的價格進行全面收購，收購價比市價17.7港元溢價13%。收購過程進展順利，到12月30日收購截止期，長實已購得九成半股權，從而可以強制收購完成私有化。

但是，李嘉誠在收購嘉宏國際時，卻是一波三折。嘉宏是長實系四大上市公司之一，綜合資產淨值爲44.57億港元。李嘉誠在全面收購前，市值爲155.09億港元。1991年2月4日，長實宣佈將嘉宏私有化時，決定以每股4.1港元的價格收購，收購價比市價溢價7.2%，低於全面收購國際城市和青洲英泥的溢價，讓小股東們感到有點失望。

此計畫一出，便招來一片噓聲，輿論皆認爲嘉宏的收購價過低，顯然會損害小股東的利益。李嘉誠解釋說，主要是考慮到嘉宏贏利能力有限，而且其業務與長實、和黃重疊，同時他又聲稱不會提高收購價格，如有人肯出5港元的收購價，他會考慮出售。

李嘉誠的話未得到認同。在4月10日嘉宏股東會議上，小股東們紛紛提出質詢：嘉宏公佈的1990財政年度的業績顯示，贏利狀況甚佳，年贏利率比上年增加29%，達到了13.16億港元；另外，嘉宏所控的港燈市值連月上升，也會使嘉宏資產值增高，這都顯示出嘉宏的發展前景還是較好的。結果，嘉宏私有化計畫在一片鼓噪聲中，以不足1／4的支持率而胎死腹中。

李嘉誠給出的價格過低，小股東均看好嘉宏的前景，捨不得「忍痛割愛」，是導致這次私有化失敗的最大原因。按規定，私有化失敗之後，一年之內不得再提私有化建議，李嘉誠只好耐心等待。

1992年5月27日，和黃重提嘉宏私有化建議。收購價為每股5.5港元，較停牌前的收盤價高出32%。對這一價格，小股東們自然無話可說，欣然接受。因此，在7月10日的嘉宏股東會議上，該私有化建議以96.7%贊成票獲得通過，最終得以實行。

這一次，李嘉誠不僅保全了自己的利益，也讓小股東們獲得了收益，這種雙贏的局面讓李嘉誠的私有化計畫成功實施。從此之後，長實系只剩下長實、和黃、港燈三大上市公司了，總市值除銀行外仍居全港財團之首。

商人以利為重，但是不能見利忘義。做生意不僅靠精明的計算，還有良好的商譽。照顧對方的利益，利益面前讓三分，才能獲得更多的支持，贏得更多的利益。總喜歡撿小便宜的商人，最終會失去大利益，永遠也不可能做成大生意。

4 有錢大家賺，利潤大家分

自古以來，商人都是「無利不起早」，追求利益是商人最大的目的。但是追求利益不能建立在破壞合作關係上，畢竟做生意本就是人與人之間的合作。想把生意做好，想讓別人願意與你合作，就必須照顧別人的利益。有錢大家賺，利益共用，才能贏得更多合作的機會。

何鴻燊在談到成功經驗時說：「錢，千萬不要一個人獨吞，要讓別人也賺。」別人與你合作就是為了賺錢，如果所有的利益都被你一個人得到，那麼合作就變得毫無意義，生意也就被你做斷了。

李嘉誠也說過：**「如果一單生意只有自己賺，而對方一點不賺，這樣的生意絕對不能幹。」**李嘉誠在生意場上一直信守利益均沾的原則，每一次與人合作都會讓對方也獲得巨大的利潤。李嘉誠說過：「求生意做難，生意跑來找你就容易做。」只要你懂得分享利益，每一次與你合作的人都能獲得利益，自然他們還會希望繼續與你合作，那麼你就會有做不完的生意。

因為有著過人的智慧、冷靜的態度和雄厚的實力，李嘉誠被人們戲稱為拍賣場上的「擎天一指」。但是，就算對於李嘉誠來說，也不可能在每一次投資和競爭中都能做到穩穩當當、無驚無險。這對於其他任何人而言，也同樣是不可能的事情。李嘉誠之所以能成功，只不過因為有足夠的經濟基礎，又時常能以冷靜的態度去判斷形勢，而且也懂得利益均沾的投資原則。

1987年11月27日，位於九龍灣的一塊政府公地拍賣，因為地理位置良好，擁有極高的開發價值，房地產界的多數大亨都參加了這塊地皮的拍賣，當天李嘉誠也出現在拍賣場上。

那塊公地占地面積為24.3萬平方英尺，底價為2億港幣——每口競價為500萬港幣。從一開始，拍賣的場面就異常火爆，火藥味也特別的濃。一開始李嘉誠就和一位競標者連叫兩口，底價連跳兩次。就在這個時候，拍賣場上響起了一個李嘉誠非常熟悉的聲音：「2.15億！」李嘉誠回過頭一看，原來是胡應湘。

胡應湘在商場上被稱為「飛仔」，畢業於美國著名的普林斯頓大學土木工程系。因為當初李嘉誠進入房地產界的時候還請教過他，所以後來兩人也一直保持著良好的合作關係。

當李嘉誠回頭對胡應湘微微一笑表示招呼的時候，胡應湘也報以笑容，不過這時候地價已經被各路英雄抬到了2.6億。李嘉誠不慌不忙地舉起手叫到「3億」，將地價連跳8口，正在大家一片譁然的時候，胡應湘沉著應戰，又將價格連抬11擋，喊出了3.55億港幣的高價！這時拍賣會掀起了高潮，一時間鄭裕彤等房地產界大哥級的人物也加入競價。

這時人們都在興奮之中，很少有人注意到李嘉誠的得力助手周年茂悄悄地走到胡應湘的助手何炳章身邊，對他一陣耳語。結果，胡應湘居然從此就退出競投不再應價。在人們都感到意外的時候，叫價已經加到4億港幣，是底價的兩倍了，拍賣場敏感的臨界線就要到來。拍賣場突然安靜下來，競投各方默默在心裡打著自己的算盤。這時候，李嘉誠再次舉起他的「擎天一指」，報出4.95億港幣的天價，令在場的所有人側目。

想必這個價格也不會有誰再跟著喊下去了，拍賣師一錘定音，李嘉誠終於將這塊公地收入懷中。不過，令人感到驚訝的是，在拍賣會後李嘉誠立刻宣佈：「這塊地是我和胡應湘先生聯合所得，將用以發展大型國際商業展覽館。」原來，這就是爲什麼看起來來勢洶洶的胡應湘會突然退出競投的原因。

後來，有房地產分析專家評論說：據估計，李嘉誠在拍賣前就將此塊公地的最高競投價定爲5億港幣，這個價格同時也應該是其他所有人心裡的最高價。雖然看似出價很高，而且他決定和胡應湘共用利益，但是李嘉誠在這中間還是能夠獲得豐厚的利潤的。

分出一點好處給胡應湘，以防止他和自己繼續在較量中抬高地價，這一招給李嘉誠留下了很大的迴旋餘地。這不僅能幫助李嘉誠在預期的價格之內競標成功，將發展空間巨大的公地攬入懷中，他在與胡應湘分享利益的同時又在拍賣場上化敵爲友，爲自己將來的發展多留下了一條後路。所以，有時候表面上看起來並不佔優勢的事情，對自己將來的發展卻會有著極大的幫助。

作爲商人，一定要懂得利益共用，否則很容易將生意做斷。不懂利益共用，很容易會在生意場上樹立敵人，惡性競爭也就會隨之而來，生意就很難長久地做下去。懂得利益共用，有錢大家賺，就會形成良好的合作氛圍，生意也就會越做越順。

第14堂課

有所不為才能有所為

李嘉誠和黃光裕同樣是成功的商人，但是兩個人的結果卻完全不一樣。李嘉誠不僅擁有了財富，同時也擁有了眾人的尊重，而黃光裕雖然也積累了財富，但卻只是曇花一現，很快凋零。能夠取得巨大的成功並能夠長久地堅持下去的商人必定都是懂得取捨，堅持有所為有所不為的人。謀取利潤是商人要做的事情，但是決不能為了謀取利潤而不擇手段。

1 我絕不同意為了成功而不擇手段

生意場上也要堅持有所爲有所不爲的原則。當然，作爲一個商人，利益至關重要，企業發展必須要有利潤作支撐。但是，利潤必須是正當經營得來的，不能爲了贏得利潤而不擇手段。爲牟取暴利而不擇手段，終究不會長久。

李嘉誠在經商的過程中就非常注意這一點。他曾經說過：**「我絕不同意為了成功而不擇手段，如果這樣，即使僥倖略有所得，也必不能長久。」**追求生意的成功，一定要通過正當手段。

李嘉誠的企業也是在不斷收購的過程中壯大起來的。每一次收購，他都會心平氣和地與對方進行協商，儘量滿足對方的一些利益，用談判的方式解決問題。若是對方堅決反對，他寧願放棄收購的計畫，也不會以大欺小，以強壓弱，強迫對方。

李嘉誠有自己的一套理論，在收購的過程中，決不會像拍古董一樣，一定要到手。李嘉誠認爲，那樣做會讓自己付出高昂的代價，所以，李嘉誠非常有耐心。收購港燈算是一次經典的戰役。他從萌發念頭到控其在手，先後歷經了好幾年。倒是西門・凱瑟克沉不住氣，落入李氏「圈套」，以相當優惠的折讓價出售港燈股權。

在港燈決定出賣的時候，李嘉誠就已經決定要收購，但是他沒有著急行動，倒是置地公司，迫不及待地以高價將港燈收入囊中，但是，置地公司爲此舉債160億元。而當時香港房地產市場很不景氣，以房地產爲主業的置地公司舉步維艱，不得不考慮將到手的港燈轉手。

李嘉誠在這個時候站了出來，以6.4元的折讓價撿了置地的便宜。這一役爲李嘉誠節省了4.5億元。置地公司雖然虧損，但是卻借助這次出售，緩解了公司資金緊張的問題。

李嘉誠在收購中有自己的心得，當去則取，遇到阻力時，權衡利弊後，會不帶遺憾地放棄。放棄對九龍倉、置地的收購時，他都持這種態度。李嘉誠收購的宗旨是，無論成與不成，通常都要使對方心悅誠服。

收購成功，他不會像許多老闆一樣，進行一鍋端式的人事改組與拆骨式的資產調整。他盡可能挽留被收購企業的高層管理人員，照顧小股東利益。股權重組等大事，必須股東會議通過。收購未遂，李嘉誠也不會以所持股權「要脅」對方，逼迫對方以高價贖購，以作爲退出收購的條件。

李嘉誠看來，能進能退方能體現出投資家攻守策略的高明之處。局勢有利則乘勝追擊，情勢逆轉則全身而退。智者於時局漲落之中而能辨其利弊，眼光開闊，從容應對方顯商界奇才的睿智。

做生意必須堅守一定的原則，人人都想取得成功，但是成功不能建立在不正當的手段之上。爲了自己的成功而犧牲別人的利益，這是不可取的，這樣的成功不能長久。只有大家都遵守原則，這個世界才會是公平和正義的，真正成功的商人必須堅守這種原則。

現在很多的企業已經完全喪失了這種原則，不正當競爭比比皆是，爲牟取暴利，傷害廣大群眾的利益。三鹿奶粉、紅心鴨蛋、黑心棉、免洗筷、地溝油等，不勝枚舉，但是，到頭來這些企業也沒有能夠長久地發展下去，遭到了人們的唾棄，爲了謀取一時的利益不擇手段，只能成就一時，決不能成就一世。

做生意，首先要學會做人，喪失做人的基本原則和規範，以不正當的手段謀取成功的人，終究做不成大生意。不論做什麼生意，生意做得有多大，都要記住有所爲有所不爲。只有靠正當手段獲得的成功才是真正的成功，這樣的商人才能贏得大家的信賴與尊重。

2 並非所有賺錢的生意都做

「君子愛財，取之有道」，做生意的目的是爲了賺錢，但是決不能爲了賺錢做一些違背自己良心與道德的生意。現代社會，物欲橫流，很多人就是因爲把持不住自己，經不起金錢的誘惑，做了一些不該做的生意而毀了一個發展良好的企業。

現代社會，賺錢的門路很多，賺錢的生意更是數不勝數，但是並非每一種生意都能做。於人無害、於己有利的生意，應該主動爭取；於人有害、於己有利的生意，堅決不能做。李嘉誠說：「我對自己有一個約束，並非所有賺錢的生意都做。有些生意，給多少錢讓我賺，我都不賺；有些生意，已經知道是對人有害的，就算社會容許做，我都不做。」

在李嘉誠看來，做生意和做人事一樣的，必須正直，堅守原則。做生意一定要堅守自己的底線，才能在安全的範圍內活動。李嘉誠做生意一向坦蕩蕩，賺錢心安理得。

李嘉誠認爲，經營企業的主要動機是贏利。傳統的儒家思想推崇道德標準的作用，而今天很多商業管理課程則強調效益和贏利是衡量企業成功與否的主要標準，這兩種有著明顯衝突和矛盾的取向都是不完整的，做人跟做生意一樣，必須有自己堅守的原則。誠信，就是商人必須恪守的一個底線。

可以說，李嘉誠的起家就是靠一個「誠」字，在李嘉誠看來「誠信」是最大的資產，所以，一切破壞誠信的生意，他都不會做。對於一個商人來說，什麼都可以失去，唯獨不能失去誠信。一個有信譽的商人，即使破產了，也能憑藉以前的客戶關係重新搭建銷售網路，也能憑藉良好的商業記錄從銀行貸款。成功的商人，一般都會把信譽看得比生命還重要，在商業活動中不做一點違背信譽的事。不聚小流無以成江海，李嘉誠成功的秘密就在於此。

違法的生意更是不能做。一般違法的生意都是暴利的，但是卻危害社會，一旦涉足，就再也難以抽身，最終不免落得身敗名裂。

與人爲善是李嘉誠待人處世的原則。就是在今天，李嘉誠取得了如此巨大的成功，仍然堅守著這一原則。每一次商業活動，李嘉誠總是會照顧到別人的利益，從來不會獨吞所有的利益。所以，在李嘉誠看來，傷害別人利益的生意也不能做。前面所說的出售香港電燈集團公司股份事件就是個很好的例子。

名聲對一個商人來說至關重要，不能爲了利益而損害自己的名聲。雖然做生意挑三揀四會讓商人失去很多賺錢的機會，但是卻能夠穩穩當當地賺錢，不必擔心來自同行的敵視和來自民眾的怨恨。在李嘉誠看來，金錢沒有善惡，但是賺錢的方法和手段，卻能體現一個人的對錯、是非。所以，李嘉誠一直對自己有著嚴格的要求，並非所有賺錢的生意都做。

商人既要追逐利益，又要注意自己的品格。只做應該做的生意，才能免去不必要的麻煩。不做破壞信譽的生意，才能爲成功奠定基石；守得住道德底線，生意才能長久。

古人說：「勿以善小而不為，勿以惡小而為之。」這是做人的道理，同時也是做生意的道理。作為一個生意人，一定要嚴格要求自己。不能因為有些對社會有利的生意利潤少而不做，也不能因為有些生意利潤高而忽視其對社會的危害而去做。盜亦有道，商人更是要有自己的道德準則，謹記商人應該遵守的道德準則，時時提醒自己，有所為有所不為，才能取得成功。

3 有使命感的企業家，應走正途

李嘉誠說：**「一個有使命感的企業家，應該努力堅持走正途，這樣我相信大家一定可以得到不同程度的成就。」**企業家不同於一般的做買賣的人。做買賣的人注重的是一次交易的成功，不注重培養品牌價值與客戶關係。

走正途就是講要有一個方向，注重目標的培養。一個有使命感的企業家可能會花幾年的時間來向一個目標奮進，而不會東張西望，不會看到有利可圖的生意，就放下要堅持的目標。李嘉誠的商業帝國很龐大，而且涉足門類很廣，但是他從來都不是見異思遷的人，任何一個行業，他都傾注了大量的心血。

創業初期的李嘉誠把目光聚焦在塑膠產業上，就一直堅持走了下去，通過自己的努力，樹立了品牌。儘管中途出現過這樣或那樣的困難，但是李嘉誠都沒有退縮。其他行業的高額利潤也沒有吸引他的注意力，讓他改變方向。正是他的專注與一心一意，讓他在塑膠行業闖出了名堂，成為「塑膠花大王」。

隨著企業規模的擴大與塑膠產業開始出現下滑的趨勢，李嘉誠開始向新的領域擴展，這一次，他看中了房地產業。李嘉誠在房地產業採取了保守的經營方式，即主要採取租賃的方式，收取租費。這樣做資金回籠緩慢，很多人都認爲他過於保守，但是李嘉誠依然堅持他的做法。終於，機會來臨，「文化大革命」的風波波及香港，香港房地產業受到衝擊，人們紛紛拋售房產，李嘉誠則趁低吸納。香港經濟穩定後，李嘉誠賺到了第一桶金。

李嘉誠投入房地產行業之後，就以房地產作爲自己的正途，不論什麼事情都沒能改變他的想法。在「炒風刮得港人醉」的瘋狂時期，李嘉誠絲毫不爲炒股暴利所心動。當時很多房產商紛紛將手裡的樓盤出售，回籠資金，然後進軍股票市場，看著他們在股票市場賺得盆滿缽盈，李嘉誠依然在房地產業堅持地走了下去。果然，好景不長，股市熊市到來，那些投入股市的人，紛紛破產，而李嘉誠由於在房地產業穩定發展，並沒有受到什麼影響。李嘉誠從1958年涉足地產；1971年將長江工業改爲長江地產，集中發展地產，次年又更名爲長江實業，並成功上市。當年的重大抉擇，現在越來越顯示出其正確性。

把生意做好，首先要把人做好。一個商人要有社會責任感，才能得到別人的認同和幫助，把生意做大。我們回顧李嘉誠過去走過的歷程會發現，他的行爲軌跡與古人推崇的「文武之道，一張一弛」驚人地相似。李嘉誠是個從傳統文化氛圍中走出來的新型企業家，他能夠自覺或不自覺地去其糟粕，取其精華，使其與現代商業文化有機地結合爲一體。

例如，1977年中期，李嘉誠購入15萬平方英尺的大坑虎豹別墅的部分地皮。他購得地皮後，想在上面興建了一座大廈，萬萬沒想到，李嘉誠在徵求遊客意見時，遊客居然對大廈持否定態度，批評大廈與整個別墅風格不統一。李嘉誠再三思考後決定立即停止在該地大興土木，儘量保留別墅花園原貌。雖然此大廈的建造，使李嘉誠損失了很多資金，但卻贏得了社會輿論的一致好評，都認爲李嘉誠是一位對社會負責任的商人，與一般商人是不同的。

要做一個成功的企業家，就要做一個有使命感和社會責任感的企業家。商人並不只是唯利是圖，擁有精神財富與物質財富一樣重要，能夠擔負起社會責任，才能產生拚搏的動力。一個商人想要贏得社會的尊重，就必須擔負起應該擔當的責任，多爲社會做貢獻。李嘉誠就是一個不只爲了賺錢的商人。他一直都積極投身公益事業，他賺的錢越多，爲社會做的貢獻也越大。他投資捐助的希望小學、公益醫院，以及扶貧救災，不計其數。這種對社會的責任贏得了社會的認可與尊重。這種認可也進一步拓寬了李嘉誠發展的空間。

失去了使命感的商人就會失去奮鬥的動力，成年累月積累下來的財富會隨著使命感的消失而消失。所以，商人一定要有使命感。不但要有使命感，還要堅持走正途，不能三心二意，總是往利潤高的地方擠。能堅持做到這兩點的商人不僅能夠成就大事業，還能贏得社會的廣泛尊重。

第15堂課

大氣量才能有大作為

「宰相肚裡能撐船」，但凡成功者必定是胸襟開闊，擁有大氣量的人。大氣量是一個成功的商人必備的素養，這就關係到能否成功地領導一個團隊，使得自己的團隊富有強大的向心力和戰鬥力。李嘉誠是一個擁有大氣量的人，他的大氣量使得他的生意越做越大，使得他的周圍充斥著各領域的高手，並且都忠心追隨，這些因素共同構成了他成功的重要助力。

1 長江不擇細流

商人最重要的就是要有海納百川的氣勢，不管多大的企業都是由小企業一步步起來的。沒有無數細流的彙聚，哪有大海的波瀾壯闊。李嘉誠從一個小小的打工仔變成商業帝國的領導人，正是因爲有這種不擇細流的觀念。李嘉誠的身上有著很多閃光點，過人的商業眼光和開放包容的經營心態，無疑最引人注目。江河不擇細流的經營觀，讓他總能抓住時代脈動，在激烈的市場競爭中先人一步。

早年，李嘉誠是一個爭強好勝的人，遇事容易衝動，缺乏周密的考慮。日本統治香港時，街上行人很少，十二三歲的李嘉誠，只要看到行人就想超越，養成後來走路比別人快的習慣，「這是我好勝習慣使然。」

在李嘉誠的打工生涯中，他艱苦自學，不與人同餐，也不與人同遊。他認爲自己終有一天，要超越同齡人。漸漸地，他一天比一天進步，內心隱隱感到驕傲，直到後來自己創業，步入商界。他以「長江」作爲公司的名稱，意在告誡自己「要如長江彙聚百川，才能細水長流」。

李嘉誠的不擇細流的經營觀念主要體現在以下幾個方面：

首先，不擇小生意。李嘉誠現在是世界華人首富，但是創業初期也只是一個初出茅廬的小夥子，那個時候的長江廠只是眾多塑膠廠裡的一個。在那個時候，李嘉誠養成了不擇細流的好習慣，再小的生意他都會接受，而且非常重視。李嘉誠認爲世間任何事都是由小到大，積沙成塔。長江廠就是靠著這種經營理念逐步壯大起來。

其次，李嘉誠不擇細流的用人觀念。李嘉誠由一個微賤的打工仔，成爲香港首富；長江由一間破舊不堪的山寨廠，成爲龐大的跨國集團公司。他的巨大成功，得益於他「不擇細流」的用人之道。

人才是企業發展最重要的助推力，李嘉誠從創業初期就開始儲備人才。現在，在李嘉誠的高層領導班子裡，既有精於行業領導的「老手」，也有頗具金融頭腦的財務專家；既有年輕有爲的港人，也有作風嚴謹的西方人。李嘉誠作爲組織最高決策者，非常注重與大家建立融洽的互信合作關係，最大限度地使每個人都能充分發揮自己的專長。李嘉誠之所以成就了自己的商業帝國，是因爲他始終明確了這樣一點：單靠自己的力量，很難應對複雜的商業考驗，個人的力量和智慧始終是有限的，只有天下之才爲我所用才能做成大買賣。

再次，李嘉誠堅持有錢大家賺的經營理念。李嘉誠認爲做生意最重要的是互相合作，共同發展，這樣才能把蛋糕做得格外大，獲得更多利潤。在競爭面前，李嘉誠總是以大局爲重，從不會獨吞利益，分利與他人，使李嘉誠在業界贏得了好名聲，生意越做越大。

最後，李嘉誠做生意只看利潤，不看產業。只要是在他的能力範圍之內，能賺錢的產業，李嘉誠總是會想辦法涉足。所以，李嘉誠的生意分佈在各個行業，而沒有給自己設定限制，這成爲他滾滾財源的基礎。

商人必須要有長江不擇細流的經營觀念。長江之所以有今天的浩大，就是因爲有無數細流的彙聚。生意要想做大，也必須有無數的人才，無數的資金，無數的生意滾滾而來才行。只有堅持長江不擇細流才有可能做到這一點。

作爲商人，必須海納百川。用人方面，不拘一格；做生意，不拘大小，不拘產業；與人相交，不結怨，不樹敵。以這種心態經商，事業才可以長長久久，才可以越做越大。

2 有豁達的胸襟，才能容納細流

李嘉誠說：「長江取名基於長江不擇細流的道理，因爲你要有這樣豁達的胸襟，然後你才可以容納細流，沒有小的細流，又怎能成爲長江？只有具有這樣博大的胸襟，自己才不會那麼驕傲，不會認爲自己樣樣出眾，承認其他人的長處，得到其他人的幫助，這便是古人說的『有容乃大』的道理。我之所以選擇「長江」這個名字，就是勉勵自己必須有廣闊的胸襟。」

一個商人，不僅要與商場裡的朋友，和競爭對手打交道，還要與公司的下屬打交道。如果沒有豁達的胸襟，很難處理好這種複雜的關係。尤其是在處理與下屬的關係時，很容易高高在上，頤指氣使。李嘉誠是一個特別的商人，他既勝在經營，也勝在管理。特別是在人力資源管理方面，確有他的獨到之處。

李嘉誠非常重視人才。李嘉誠旗下人稱投資奇才的袁天凡曾經表示不再做工薪階層，要自己創業。1992年2月，袁天凡與老同事杜輝廉、梁伯韜主持的百富勤合夥創辦天豐投資公司，袁天凡占51%股權，出任董事總經理，並兼旗下兩家公司的總裁。李嘉誠義無反顧，依舊支持袁天凡，當時認購了天豐投資9.6%的股份。心比天高的袁天凡感動了，曾多次公開表示：「如果不是李氏父子，我不會爲香港任何一個家族財團做。他們（李氏父子）真的比較重視人才。」

李嘉誠不僅重視人才，而且還擁有豁達的胸襟，他用人向來不拘一格，只要是人才，他都會啓用。在李嘉誠公司的高管階層也有一些連大學的校門也沒有進過的人。

李嘉誠說：「管理一間大公司，你不可以樣樣事情都自己親力親爲，首先要讓員工有歸屬感，使得他們安心工作，那麼，你就首先要讓他們喜歡你。」

李嘉誠對員工既寬厚，又嚴厲。長實的員工說：「如果哪個做錯事，李先生必批評不可，不是小小的責備，而是大大的責罵，急起來、惱起來時，半夜三更掛電話到要員家，罵個狗血淋頭也有之。」

李嘉誠的「罵」，不是喜怒無常的「謾罵」，總是罵到實處。當然，也有錯罵之時，冷靜下來便會找挨批者賠禮，說明道理。

李嘉誠指出，很多時候，之所以不能人盡其用，是因爲員工的決策權太小。由於員工是被管理著，很少有機會決定自己的工作，只能聽從安排，這樣員工就成了被動的執行者，不只是潛能，就是現實能力也很難發揮出來。讓員工參與決策，就是要讓員工有更多的決策權，可以選擇適當的工作、適當的目標、適當的方法等，從而在最有利的環境中發揮專長。

超人也是人，也有力所不及或疏忽大意的時候，李嘉誠的超人之處在於他能夠用自己的智慧集思廣益，博採眾長。

「如果你任人唯親的話，那麼企業就一定會受到挫敗。」這是李嘉誠所信奉的用人之道。李嘉誠的企業是家族企業，但是卻沒有家族企業的弊病。李嘉誠破除在經理人選擇上的「家族情結」，大膽選用德才兼備的專業管理人才，主動以誠相待，以義利兩管齊下相留。

家族企業在核心管理層上，任人唯賢，任人唯才並非癡人說夢。在這方面，李嘉誠就是一個絕對的標杆。他曾經在一次演講中說過：「建立同心協作團隊的第一條法則就是聆聽沉默的聲音：團隊與你相處有無樂趣可言？你是否開明公允、寬宏大量，承認每一個人的尊嚴與創造力？你是否有原則與座標，而不是矯枉過正、過於執著？

「我常常問自己，你是想當老闆還是要當一個團隊的領袖？一般而言，做老闆簡單得多，權力主要來自地位，來自機遇或憑藉你的努力和專業知識；做領袖較爲複雜，你的力量要源自人性的魅力和號召力。領袖領導眾人，讓別人甘心賣力；老闆只懂支配眾人，讓別人感到渺小。」

李嘉誠憑藉著豁達的胸襟招攬了一大批人才爲他所用，組建了一支高效率的團隊，這支團隊就是他的商業帝國蒸蒸日上的動力。

人才是企業發展最重要的因素，豁達的胸襟是商人招攬人才的重要保證。所以，一個商人要想成功，必須具備豁達的胸襟。

3 責己以嚴，待人以寬

如何才能讓公司所有員工擰成一股繩，全心全意爲公司的發展做努力呢？這就需要老闆責己以嚴，待人以寬。作爲公司的領導能夠責己以嚴，會讓員工打心眼裡佩服自己；待人以寬，會讓員工真心感激自己。有了這兩點做保證，公司肯定能夠上下一心。香港作家何文翔在文章中這樣評價李嘉誠：「任人唯賢，知人善任，既嚴格要求，又寬厚待人。」李嘉誠從小受到了父親的教育，讀過四書五經，古人的教育對他的人生影響很大。他做人做事恪守自己的原則，嚴於律己，寬以待人。

在長江實業公司一間很明亮但是並不豪華的辦公室內，放置著一張寬大的寫字臺和一把桌椅。每天早晨，在公司上班前10分鐘，他已經到了。上班開始，他就在看報表、研究分析統計資料。許多時候，當上班的鈴聲響起來的時候，他早已進入工作狀態了。他是長江的掌門人，卻從來沒有搞過特殊化。除了有外事應酬活動，他都按公司規定的時間，按時趕到公司上班。有時候，早已過了下班的時間，工作沒來得及處理完，他會繼續處理未完成的工作，有時經常來不及回家吃飯。他幹起事來就是這樣地投入。言傳身教，員工們看到有這樣的領導，自然也會受到影響。在各方面以他爲榜樣，公司的風氣自然是緊張向上。

有一次，他派一位部門經理去談一筆生意。這筆生意如果談成，將會給長江集團增加一筆巨額的利潤。談判進行得很艱苦，一連3天，都沒有任何結果。

李嘉誠此時也在進行另外的一筆大生意的談判。最後，李嘉誠的生意談判成功了。而那位經理卻神情沮喪地來到李嘉誠面前，彙報了他進行談判的經過。李嘉誠說：「談判，當然是要掌握原則，但是，也應當靈活地掌握。在必要的時候做出適當的讓步，現在怎麼樣？一筆生意就這樣從你的手中跑掉了！」這時，這位經理感到十分地慚愧。他含著眼淚向經理做檢討：「我給公司造成了很大的損失，本應當受到處罰，我心甘情願地接受。」

李嘉誠對他說：「處罰有什麼用？關鍵是要從中吸取教訓，以後要是再進行談判，頭腦就是要靈活些，不要太教條了！」

過了幾天，發生了一件讓這位經理意想不到的事情。公司表彰有突出貢獻的人員，其中就有這個談判未成功的經理。這位經理拿著裝著獎金的信封找到李嘉誠，對他說：「老闆，可能是財務部門把人名字搞錯了，我也列入了受獎勵的人員名單中，我特意將獎金交回公司，這份獎勵不屬於我，因爲我的談判失敗了，給公司造成了損失，公司不處罰我就不錯了。」

李嘉誠把裝著獎金的信封退給他說：「沒有錯，你是獲獎了！你這次談判雖然失敗了，但是你以前爲公司立下過功勞，有成功的業績。再說，不是每個人的每次談判都會成功的，我與怡和集團的紐總談判不是也失敗了嗎？」

「那是不一樣的。」經理說道。

李嘉誠接著說：「這次的談判失敗，我也有責任。如果責備，也應當有我一份！如果我提前將讓步的幅度告訴你，或許談判就會取得成功，再說，我聽說你爲了這次談判的成功，還自己花錢爲對方買了禮品，這些都是值得表揚的。」

這位經理十分感動，因爲李嘉誠連小事都瞭解得一清二楚，他爲公司的付出領導是知道的，他的努力也得到了領導的肯定。

公司的員工聽說了這件事後，都爲老闆寬厚待人的事情而伸出大拇指，有這樣寬容的老闆，有這樣一個環境，他們還有什麼理由不努力工作呢？李嘉誠強調，組織必須配合人性化的管理。李嘉誠嚴於律己、寬以待人的作風在公司裡營造了一種和諧的氛圍。這讓員工在企業中有一種歸屬感和凝聚力。大家萬眾一心，爲企業的發展出謀劃策。李嘉誠的公司又怎麼會不發展呢？

第16堂課

得人心者得天下

企業中老闆和員工之間是相互依存的關係，誰也離不開誰。作為管理者必須用富有人性的管理方式才能贏得人心。李嘉誠不是全才，但是他卻擁有駕馭人才的能力。他手下人才濟濟，這些人一心為他工作，為他謀取最大的利益。李嘉誠與員工之間形成了一種互惠互利的關係，這是他成功的一個關鍵所在。

1 是員工養活了整個公司

李嘉誠說：「可以毫不誇張地說，一個大企業就像一個大家庭，每一個員工都是家庭的一分子。就憑他們對整個家庭的巨大貢獻，他們也實在應該取其所得，可以說，是員工養活了整個公司，公司應該多謝他們才對。**員工是公司的血液，沒有他們的支撐，公司難以有長足的發展。**作爲公司的領導者，應該感謝他們。」

很多經營者認爲是公司給了員工飯碗，員工應該感恩戴德，努力爲公司作貢獻。但是李嘉誠不這樣認爲，他認爲是員工養活了公司，老闆才應該心存感激。

20世紀50年代，李嘉誠剛剛創業，由於缺乏經驗，在數次賺錢以後，急於發展，不停接訂單及出貨，而忽略了產品的品質，引來不少客戶的不滿。退貨之餘更要賠償，原料商紛紛上門要求結帳。銀行不斷催要貸款，把工廠逼近破產的邊緣。

爲了減輕工廠的負擔，李嘉誠不得不裁員，把開工不足的工人辭退。一些被辭退的員工生計頓失，家屬不時來工廠吵鬧，弄得雞犬不寧。在被辭退的員工中，有一位叫周千和的，他是李嘉誠的潮州老鄉，也是當初工廠創業的元老之一。他怎麼也想像不到，裁員會裁到他的頭上，而被裁的人中，偏偏就有他一個。

而與李嘉誠無親無故的員工卻被留了下來。

周千和怎樣都想不通，於是，他找到李嘉誠。

李嘉誠對他說：「工廠因爲退貨太多，不能正常生產，先讓生活最困難的員工留下來，等情況好轉了，我馬上會讓你回來上班，請你能夠理解。」

周千和說：「我也是靠工資生活的，我沒有工資，全家人吃什麼喝什麼呀。」

李嘉誠對他說：「我有飯吃，你就有飯吃，我能讓你一家老小挨餓嗎？」

於是，在周千和被裁減的日子裡，李嘉誠便經常買糧、送菜到他家。後來，他們又一起創辦了長江實業。長江發達了，李嘉誠並沒有忘記這位元老級的人物。他讓周千和擔任廠副總經理，專門負責長江實業的股票買賣。周千和的兒子周年茂，後來也成了長江公司的骨幹。周千和在回憶那段艱苦的歲月時，很有感觸地說：「那時的條件很艱苦，工資才百十港元。李先生寧可自己少拿，也要照顧大家的利益，把我們當成是自己家的人。」

李嘉誠對員工始終懷著感激之情，他的這種精神感動了無數的員工。員工自然會回報給他加倍努力的工作，他的精英團隊也因此而打造成功。李嘉誠帶著這樣一個團隊，創造了他的商業帝國。

後來李嘉誠慢慢地淡出塑膠產業，但是他沒有忘記長江塑膠廠的那批老功臣們。李嘉誠明白，沒有他們的辛苦工作，就沒有現在的李嘉誠。

有一回，林燕妮為公司租場地，跑到長江大廈看樓，發現李嘉誠仍在生產塑膠花。當時，塑膠花已經成為夕陽產業，根本無利可圖。而李嘉誠憑藉地產已經站穩腳跟，根本不需要再經營利潤微薄的塑膠花，但是，李嘉誠偏偏維持小額的塑膠花生產。

後來，林燕妮才明白，李嘉誠是顧念著老員工，給他們一點生計，所以不忍心拋棄舊產業。而李嘉誠的職員也說：「長江大廈租出後，塑膠花廠停工了。不過，老員工也被安排在大廈裡做管理。對老員工，他是很念舊的。」

有人提起李嘉誠善待老員工的事，讚賞不已，李嘉誠卻說：「一間企業就像一個家庭，他們是企業的功臣，理應得到這樣的待遇。現在他們老了，作爲晚一輩，就該負起照顧他們的義務。」

還有人感歎李嘉誠爲人忠厚：「李先生精神難能可貴，不少老闆待員工老了一腳踢開，你卻不同。這批員工，過去靠你的廠養活，現在廠沒有了，你仍把他們包下來。」李嘉誠卻謙虛地說：「千萬不能這麼說，老闆養活員工，是舊式老闆的觀點，應該是員工養活老闆、養活公司。」

很多商人都知道，人才是現代商業競爭的關鍵，但是，很少有人會向李嘉誠這樣經營公司。懷著感恩之心經營公司，讓李嘉誠擁有強大的領導能力、一呼百應的基礎。在員工萬眾一心的努力下，公司蒸蒸日上、欣欣向榮。

作爲一個合格的領導者，一定要懷著感恩之心來經營公司。懷著感恩之心，才能把公司員工的積極性調動起來，才能真正發揮團隊的力量，公司才能發展得越來越好。

2 要讓員工有受重視的感覺

人才是現代商業競爭制勝的法寶，沒有廣大的員工賣力苦幹，再有本事的老闆也是孤掌難鳴，成不了氣候。相反，企業富有凝聚力，員工精誠團結，爲老闆出力，這個企業必定大有前途。作爲領導人，一定要真正認識員工的價值所在。

李嘉誠說：「**對自己要節儉，對他人則要慷慨。處理一切事情以他人利益為出發點，要瞭解下屬的希望**。除了生活，應給予員工好的前途，並且，一切以員工的利益爲重，特別是在員工年老的時候，公司應該給予他們絕對的保障，從而使員工對集團有歸屬感，以增強企業的凝聚力。」

員工進入公司無非出於兩種目的，一是爲了有較高的薪水和福利待遇，二是爲了有較好的前途。只要你做好了這兩點，員工在你的公司裡就能得到他想要的，自然就會認真工作，不會輕易離職。

人才是公司最重要的資源，人才的流失是公司最大的損失。特別是高管人員，他們的離職往往意味著商業機密的洩露。作爲公司的領導者，一定要想員工所想，儘量滿足員工的需求，讓他們感受到來自上層的尊重和重視。李嘉誠在這一方面做得就很好，這不僅表現在他給有功勞的員工很高的回報，還表現在他時刻把員工的前途放在心上，照顧到大家未來的生活。

在經營過程中，李嘉誠給員工以低價購入長實系股票的機會，讓下屬分享公司的利益，從而增強了團隊的凝聚力和向心力。比如，原和黃董事行政總裁馬世民離職時，用8.19港元/股的價格購入的160多萬股長實股票，當日按23.84港元/股的市價出手，淨賺2500多萬港元。

據香港稅務局公佈的1999～2000年度的前10名「打工皇帝」所交納的薪俸稅金額來推算，前10名的「打工皇帝」中，出自李嘉誠旗下企業者就占了4位，其中和記黃埔董事總經理、香港電燈副主席、長江基建副主席、長江實業執行董事霍建寧更是名列「打工皇帝」榜首。

李嘉誠不僅給員工提供高薪，在生活上也滿足員工，而且注意給每個人提供提升的機會。李嘉誠的用人觀念很簡單，就是唯才是用，只要是有才能的人，在李嘉誠的公司都能夠得到重用。

盛頌聲是輔助李嘉誠從創業到公司發達的勞苦功高的元勳之一。幾十年來，盛頌聲兢兢業業、任勞任怨地爲長實的發展、壯大貢獻出自己的聰明才智，李嘉誠除了提拔他任長實的董事副總經理外，還委以負責長實公司地產業的重任。當盛頌聲舉家移民加拿大離開長即時，李嘉誠專門舉辦了盛大的酒會爲他餞行，令盛頌聲十分感動。

李嘉誠說：「這個問題對我而言是比較幸運的。他們與我的關係非常好。一方面，我自己也曾經打過工，受過薪，我知道他們的希望是什麼。所以，我的所有的行政人員，包括非行政人員，在過去10年至20年，變動是所有的香港大公司中最小的，譬如高級行政人員流失率低於1%。爲什麼？第一，你給他好待遇；第二，你給他好的前途，讓他有一個責任感，你公司的成績跟他是100%掛鉤的。另外要有個制度，山高皇帝遠，一個人好的也會變壞。親人並不一定就是親信。如果你用人唯親的話，那麼企業就一定會受到挫敗。如果是一個跟你共同工作過的人，工作過一段時間後，你覺得他的人生方向，對你的感情都是正面的，你交給他的每一項重要的工作，他都會做，這個人才可以做你的親信。如果一個人有能力，但你要派3個人每天看著他，那麼這個企業怎麼做得好啊！」

美國微軟公司創始人比爾・蓋茨指出：「大成功靠團隊，小成功靠個人。」戴爾電腦公司CEO邁克・戴爾認爲：「一個人不能單獨做成任何事。卓越的公司領導人都在一定程度上擁有成功的團隊領導人總是尋找一些在技術經驗方面與自己互補的傑出人才一起提升其經營水準。在多數情況下，管理團隊中的成員擁有同樣的熱情、人生觀和價值觀。」

公司的管理者要做的就是合理配置資源，促進資源最大化利用，這其中最重要的就是人力資源的充分利用。以人爲本，照顧員工的利益，可以最大限度地激發員工的積極性；制定合理的升遷制度，根據員工個人情況的不同，給予不同的職位安排，可以做到人盡其才。在這種機制下工作的員工，一定會爲公司帶來更多的利潤。

3 多為員工考慮

李嘉誠說：**「我事事總不忘提醒自己，要多為員工考慮，讓他們得到應得的利益，這樣才能讓大家以公司為家，真正投入自己的熱情和智慧。」**很多人創業成功之後，就開始變得小氣，總認爲錢來之不易，都是自己辛辛苦苦賺來的，不願意給自己的員工過多的薪酬。另外還擔心給他們過高的薪水，他們有了積蓄之後就會離開，自己的付出就付諸東流了。顯然只是不對的，這完全是站在自己的角度上想問題，沒有照顧到員工的想法。比如，一個員工自認爲爲公司創造了200萬的利益，而你連兩萬元的薪水都不願意給，那麼這個員工還會有工作的積極性嗎？還會繼續留在你的公司嗎？

作爲管理者一定要懂得「預先取之，必先予之」的道理。想要讓員工兢兢業業地爲你工作，爲你創造財富，就必須先滿足員工的利益需求。李嘉誠的公司裡，有很多中國人和外國人，他們在李氏企業裡已經工作了幾十年，而且大多身居要職，肩負著重任。這些人忠心耿耿，貢獻著自己的才智。那麼，李嘉誠是如何帶領這麼一支強大的隊伍的呢？李嘉誠說過：「**留住員工的辦法很簡單，作為一個領導，想一想下屬最希望的是什麼？**除了一個相當滿意的薪金分紅，你還要想想他年紀大時怎麼樣？人希望一輩子在企業中服務，最後得到什麼，企業主想過嗎？這涉及一個人一生的生涯規劃，一個家庭的規劃。一個5年以上的企業，領導身旁如果沒有一個超過5年的主管跟著他，那可要小心一點了。」站在員工角度考慮他們的需求，理解他們的追求，並滿足這種需求，是李嘉誠留住人心，進而留住人的簡單做法。也就是說，想讓員工踏踏實實地工作，一定要給予他們某些東西，這就是「預先取之，必先予之」的智慧。

想要把企業做大，就必須擁有一個高素質的團隊；想要組建一個高素質的團隊，就必須留住人心；想要留住人心，就必須從員工的角度出發，多爲員工考慮，給予他們應得的利益。員工爲公司做出了貢獻，公司就必須給予他們相應的酬勞。聰明的領導者都對員工慷慨大方。李嘉誠在董事袍金上的做法，成爲香港商界輿論界的美談。李嘉誠出任10餘家公司的董事長或董事，但他把所有的袍金都歸入長實公司賬上，自己全年只拿5000港元，而這5000港元，還不及公司一名清潔工在20世紀80年代初的年薪。

李嘉誠每年放棄數千萬袍金，卻獲得了公司眾股東的一致好感。愛屋及烏，自然也信任長實系股票，甚至李嘉誠購入其他公司股票，投資者也莫不跟風，紛紛購入。有公眾股東幫襯，長實系股票被抬高，長實系市值大增，並且，李嘉誠欲辦大事，很容易得到股東大會的通過。

只要是李嘉誠看得上的人才，他絕不會吝嗇，應該給的利益，絕對一分都不會少。例如，馬世民離職前，在和黃的年薪及花紅共計有1000萬港元，這個數字相當於港督彭定康年薪的4倍多。至於馬世民的其他非經常性收入，則很難計算。

杜輝廉也是曾爲李嘉誠的事業作出重大貢獻的管理人才。杜輝廉是長實多次股市收購戰的高參，並實際操辦了長實及李嘉誠家族的股票買賣，因而被業界稱爲「李嘉誠的股票經紀」。但實際上杜輝廉並不是李嘉誠下屬公司的董事，他多次謝絕李嘉誠邀請他擔任長實董事的好意，是眾管理人才中唯一不拿薪水者。但是，他絕不因爲未拿薪水就拒絕參與長實系股權結構、股市集資、股票投資的決策，這令重情重義的李嘉誠一直覺得欠他一份情，總想著尋機報答他。

機會終於來了，1988年底，杜輝廉與他的好友梁伯韜共創百富勤融資公司，李嘉誠當即決定幫助百富勤公司，以報杜輝廉相助之恩。杜、梁二人各占百富勤公司35%的股份，其餘股份，由李嘉誠邀請包括他在內的18路商界巨頭參股。

在18路商界臣頭的大力協助下，百富勤發展勢頭迅猛，先後收購了廣生行與泰盛，也分拆出另一家公司百富勤證券。杜輝廉任這兩家公司主席。到1992年，該集團年贏利已達到了6.68億港元。

當百富勤集團成爲商界小巨人後，李嘉誠等鉅賈主動攤薄自己所持的股份，其目的是再明顯不過了，那就是好讓杜、梁兩人的持股量達到絕對的「安全」線。

20世紀90年代，李嘉誠與中資公司的多次合作，基本上都是請百富勤擔當財務顧問。身兼兩家上市公司主席的杜輝廉，仍忠貞不渝地充當李嘉誠的智囊。

因爲有證券專家杜輝廉的鼎力相助，李嘉誠在股市上更是如虎添翼，揮灑自如，甚至對股市形成了強大的左右力。李嘉誠最輝煌的戰績在股市，最能顯示其超人智慧的場所也是在股市。而被稱爲「李嘉誠股票經紀」的杜輝廉，在其中起了不容低估的作用。李嘉誠以其真心實意回報杜輝廉，又使杜輝廉更加專心一意地回報李嘉誠，充當李嘉誠的「客卿」。

在一個企業裡，員工付出了艱苦的努力並取得出色的業績後，沒有引起領導的重視，沒有得到期望的特別獎勵，得到的報酬和其他業績平平的員工相同，那無疑是令人沮喪的。如果這種狀況得不到及時改善，久而久之，業績優秀的員工就會變得麻木或不以爲然，他們的工作積極性、創造性將慢慢消失殆盡，最終，損失最大的還是企業本身。因此，多爲員工著想就是在爲企業著想，兩者密不可分。

第17堂課

年輕人要培養和提升領導力

要想完成一份大業，必須依靠眾人的力量。同理，想要做一個成功的商人就必須提高自己的領導能力，在最大範圍內合理配置自己所有的人力資源，做到人盡其才，只有這樣，才能充分發揮人才的作用，為自己的成功添磚加瓦。李嘉誠大膽啟用人才，量才錄用，讓他們參與重大決策，吸取他們的正確積極的建議，這使得李嘉誠避免了很多投資失誤，完成了很多艱難的事情。

1 要有聽取別人意見的氣量

想要成爲一名成功的商人，必須注意培養和提升領導能力。商人不是一個人在工作，而是在領導一個團隊在工作，所以，想要創業，想要成爲成功商人，想要積累財富的人就一定要培養自己的領導能力。那麼什麼樣的人，才能成爲一個成功的領導者呢？

不管是前期的創業還是後期的發展，都是一個艱苦的過程。所以，生意人必須自己先努力，提高自己的能力，才能夠領導他人。有了能力之後，才可以進行創業。一個有能力的領導者才能帶領公司上下共同創造財富。自己有能力，才能讓員工佩服，員工才願意跟著自己打拚。然而，自己有能力還不是一個合格的領導，做生意不是一個人的獨幕劇，而是眾人的大合唱，所有的人必須保持一致，才可以把生意做好。所以，要想成爲一個成功的商人，必須要廣開言路，善於吸收和聽取別人的意見。

李嘉誠說過：**「要成為一位成功的領導者，不單要努力，更要聽取別人的意見。」**這是李嘉誠經商幾十年總結出來的經驗之談，這些年，李嘉誠也是這麼做的。

李嘉誠小學沒有畢業，但是他孜孜不倦，一直都沒有忘記自學，當他的知識積累到一定程度的時候，開始了創業。創業之初的李嘉誠就明白，憑藉自己的力量是不可能撐起整個廠子的，所以，從那個時候開始，他就在招攬人才。

隨著生意越做越大，李嘉誠收攬的人才越來越多，這些人組成了他的智囊團。面對那麼一大攤生意，靠李嘉誠一個人的智慧，肯定是不行的，所以，他一直強調集思廣益的重要性，任何一個決策他都會召集員工進行商討。即使是已經做好的決定，也要讓他的智囊團進行商議。這正是一個成功領導的智慧。成功的領導人不是一味顯露自己的才華，而是善於調動各種資源，發揮團隊的智慧，最終實現預期的發展目標，在商業競爭中取得勝利。從管理角度來說，全面聽取各方意見就是發揮團隊智慧的重要形式，所以組織最高領導者要善於兼聽各方意見。

成功後的李嘉誠也不是完全依靠自己的智囊團，他從沒有忘記學習新知，他的不斷學習，爲他科學而正確的決策提供了保證，憑藉著自己過人的能力，李嘉誠完成了自己生意上的好幾次飛躍。

在李嘉誠的團隊裡，有各種各樣的人，他們每一個都是精英中的精英，組合到一起就打造了一個精英團隊。有著過人能力的李嘉誠有了這群人更是如虎添翼。李嘉誠之所以能夠創建龐大的財富帝國，成功的秘訣之一就是善於傾聽別人的意見，也就是借助別人的智慧賺錢。

俗話說：「三個臭皮匠賽過諸葛亮。」領導者不論有多麼大的能力，終究是一個人的能力，始終不能總攬全域，只有借助他人，將他人的智慧凝結於一身，才能發揮最大的效用，才能在生意中無往而不勝。

領導者在制訂計畫、部署工作時，不要只是單方面的發號施令，而應當廣開言路，博采眾議。要創造一些條件，開闢一些管道，讓大家討論、分析，要傾聽眾多下屬的意見。

作爲一個領導者，不能只用自己一個人的眼睛，也不能只用自己一個人的耳朵或頭腦，應該善用大家的智慧，博采眾家之長。靠大家的眼睛來看，就會看到更多的東西；靠大家的耳朵和頭腦，就能夠聽到更多、想到更多，才不至於因目光短淺而做出盲目舉動。

成功的領導者一定是一個既有能力又不張揚，善於聽取他人意見到的人。每一個員工都希望得到來自上層的肯定。如果領導者能善於聽取下屬各方面的意見和建議，下屬就認爲自己的領導是一個虛心納柬、平易近人的好領導，這樣的領導，在下屬心目中的形象就隨之上升了。同時，採納員工的意見可以激發員工的積極性，讓他爲團隊謀取更多的利益，這樣對企業發展可謂是一舉兩得。

2 以量才而用為原則

人力資源管理是一項重要的工作，也是一個領導者必須學會處理的事情。這件事做好了，才能做到人盡其才，才能最大限度地爲自己獲得利益。其實，說穿了，人力資源管理就是合理分配工作，將每一個員工都分配到合適的崗位上，那麼這就要遵守一定的原則。李嘉誠告訴我們：**「任何時候都要重視人才的使用和選拔。一般的原則是，各盡所能，各得所需，以量才而用為原則。」**

作爲領導者，不僅要招攬人才，更要會用人才，如果用的不得法，人才也會變成庸才。作爲一個龐大的跨國企業首腦，李嘉誠明白一個企業的發展，需要不同的管理人才，這不僅是企業自身發展的要求，也是順應時代發展而必須具備的明智決策。因此，大膽啓用各種有爲的專業人才，爲集團注入新鮮血液，從而爲集團帶來新生的力量，以更大的速度超前發展。

李嘉誠旗下有長江實業、和記黃埔、嘉宏國際、香港電燈等公司。業務範圍廣泛，其中包括地產、通訊、能源、貨櫃碼頭、零售、財務投資及電力，等等，所以需要大量不同層次、不同專業的人才。

李嘉誠的身邊有很多得力的助手。既有長江實業及和記黃埔董事局副主席麥理思、長江實業副董事總經理周千和、周年茂、霍建寧，也有和記黃埔董事總經理馬世民，以及長江實業董事洪小蓮。這些人的確都有過人的才華，但是如果沒有李嘉誠的知人善任，也不可能有他們的今天，李嘉誠自己也不可能擁有今天的成就。

在總結自己用人的心得時，李嘉誠曾生動地說：「知人善任，大多數人都會有部分的長處，部分的短處，好像大象食量以斗計，螞蟻一小勺便足夠。各盡所能，各得所需，以量才而用爲原則。就如在戰場，每個戰鬥單位都有其作用，而主帥未必對每一種武器的操作比士兵純熟，但最重要的是首領亦十分清楚每種武器，以及每個部隊所能發揮的作用。統率只有明白整個局面，才能出色地統籌和指揮下屬，使他們充分發揮最大的長處以及取得最好的效果。」

李嘉誠啓用的人才不拘一格，只要是真的有才華，能夠給自己創造利潤的人，他都會破格啓用。在他的助手裡，除了麥理思和長江元老周千和屬於老年輩之外，馬世民和洪小蓮便是成熟穩健的生力軍，而另外兩個30多歲的周年茂和霍建寧，更是李嘉誠重用的「李氏內閣」的後起之秀。

李嘉誠深諳古爲今用、洋爲中用的道理，他在逐步實現企業管理國際化的同時，也不放棄對西方科學管理知識的吸納，即使再忙，他都會到歐美各國巡迴考察，以做到「知己知彼，百戰不殆」。當然，李嘉誠也大膽啓用洋人，如麥理思、馬世民等，讓自己的團隊實現了中西合璧。

李嘉誠能夠取得如此巨大的成功，很大的程度上是他知人善任的結果。企業管理最重要的就是人，新技術、資金、市場等都是可以通過人來開發的，所以現代商業競爭就是人才的競爭。李嘉誠按照自己選擇人才的辦法，爲自己在商業競爭中獲勝打下了基礎。

想要成爲一個成功的領導，就不要忘記「知人善任，各盡所能，各得所需，以量才而用爲原則」，擁有人才就擁有了商場制勝的武器，人才就是你財富的源泉。

3 負責任的人可以委以重任

古往今來，無論是從政的還是從商的，只要是個領導，都要培植自己的勢力，培養自己的親信。這是作爲一個領導必須要做的事情；否則，在關鍵時刻，就沒有人站出來幫助自己，很容易讓自己陷入孤立無援的狀態。公司不論大小，總是會有員工，每一個員工對於領導的作用都是不一樣的，領導必須要從中選擇合適的作爲自己的親信來培養。這些人，在關鍵的時刻是最能幫助自己的人。

在很多家族企業裡，領導者總是喜歡把自己的親戚朋友作爲親信，其實，這是不科學的。親信的選擇，不能以與你的關係遠近爲標準，必須要以工作能力爲標準進行選擇。李嘉誠說：「我老是在說一句話，親人並不一定就是親信。一個人你要跟他相處，日子久了，你覺得他的思路跟你一樣是正面的，那你就應該可以信任他；你交給他的每一項重要工作，他都會盡力做，這個人就可以做你的親信。」這就是李嘉誠選擇親信的標準，按照這個標準，李嘉誠的旗下聚集了一批批的親信。這些人兢兢業業，爲他的成功做出了巨大的貢獻。

在李嘉誠的親信裡有一個很有名的人，叫霍建寧，是一個被媒體稱之爲「渾身充滿賺錢細胞的人」。他一直擔負著李嘉誠企業的理財師的角色。霍建寧畢業於香港大學，隨後赴美深造。他還利用業餘時間進修，考取了英聯邦澳洲的特許會計師資格證書。

霍建寧1979年加入香港長江實業集團擔任會計主任，他有著金融財務方面的才幹和踏實的作風，李嘉誠正是看中了他的才能，所以一直將他作爲親信培養。1984年李嘉誠任命他爲和記黃埔（和黃）執行董事，1985年任長江實業（長實）董事。1993年登上和黃董事總經理之位，經常在每年的和記黃埔股東周年大會和集團的一些重要的記者招待會與主席李嘉誠一起出席公眾場合。

霍建寧也沒有辜負李嘉誠的期望，他爲李嘉誠的企業創下了巨額的利潤。和黃在20世紀80年代後期，受海外業務虧損拖累，股價長期處於偏低水準。霍建寧接手後，不斷改組，通過收購合併，成功將業務由虧轉盈。其後，他趁赫斯基能源有好轉表現，在加拿大借殼上市，令集團從中獲特殊盈利65億港元。

然後，他接手處理和記黃埔的歐洲電訊業務Orange，1989年，霍建寧決定投入5億美元發展Orange的歐洲業務，10年之後，於1999年底將集團持有的Orange股權以1130億港元的價格轉售給德國的電訊集團Mannesmann，成功替集團賺取超過千億港元的盈利，創出「和黃賣橙賺千億」的神話。任期內，他令多年虧損的赫斯基石油轉虧爲盈。1999年末他還促成了多宗大交易，將和黃發展成名牌電訊商。

在李嘉誠的親信裡面還有一個外籍人士，那就是長實集團董事局的副主席麥理思。在香港企業普遍不招外籍人士的情況下，李嘉誠毅然邀請他加入自己的企業，並且擔任重要職務。李嘉誠非常器重他，因爲他是劍橋大學的經濟學專家，有著良好的業務運作能力。長實集團與涉外財團的業務往來，都由他來打理。

親信不等於親人。親信應該是能夠爲你做事的人，能夠爲你創造財富的人，而不是只跟你一條心，事事聽從你的人。選擇親信，一定不能拘泥於親人的範疇，只要你能夠重視、培養，不是親人的人也能夠對你忠誠。相反，選擇那些毫無能力卻又欲望膨脹的親人做親信，恐怕遲早有一天會壞事。能力的大小才是選擇親信的關鍵，忠誠度等其他因素都可以在以後的相處過程中慢慢培養。

第18堂課

生意場中敏銳的嗅覺最值錢

李嘉誠成功的投資經歷給我們以啟示，那就是生意場上敏銳的嗅覺最值錢。李嘉誠總是能率先發現商機，因此總是能夠第一個賺到錢。無論是塑膠花還是房地產甚至後來投資大陸，李嘉誠都將敏銳的嗅覺發揮到極致，因此每一次他都能滿載而歸。現代社會蘊藏著無限的商機，找到合適的項目進行投資也並不困難，關鍵看我們是否有心，是否具有敏銳的商業嗅覺。

1 將商業情報作用發揮到極致

現代社會，能賺錢的生意有很多，五花八門反而讓很多人眼花繚亂，無所適從。這就造成了很多想創業的年輕人遲遲不敢下手，很多已經有所成就的老闆，事業難以再向前發展。在這樣一個社會，我們應該保持敏銳的嗅覺，面對眾多的商業情報，才不至於頭暈眼花，才能從眾多的商業情報中獲取有用的資訊，以促進事業的發展。

李嘉誠說：**「精明的商人只有嗅覺敏銳，才能將商業情報作用發揮到極致，那種感覺遲鈍、閉門自鎖的公司老闆常常會無所作為。」**現代商業競爭，關鍵是人才競爭，但是首先卻是商業情報的較量。有了商業情報才能先發制人，取得主動權。而商業情報作用的發揮，離不開公司經營者敏銳的商業嗅覺。有了敏銳的嗅覺，才能在商業情報裡，獲取有用資訊，做出正確決斷。

早年，李嘉誠在一家五金廠做推銷員，由於業績突出，受到老闆的器重。正當風生水起時，老闆提出要給他升職加薪。可是，李嘉誠卻婉言謝絕，並提出辭職，這讓老闆很是驚訝。原來李嘉誠憑藉敏銳的嗅覺，已經看到正在興起的塑膠產業成為了五金廠的最大威脅，塑膠產品製造成本低廉、品質輕、色彩豐富、美觀適用。在不久的將來，塑膠產品將會替代大部分金屬製品，五金廠終將走下坡路，塑膠產業才是一個朝陽產業。

李嘉誠臨別時還勸說老闆轉行，或者調整產品的種類，適應新的市場競爭格局。這家五金廠老闆接受了李嘉誠的建議，及時轉爲生產系列鎖，最終免於被塑膠製品衝垮。李嘉誠敏銳的感受力、準確的判斷力，由此可見一斑。

後來，李嘉誠自主創業，依然選擇了塑膠產業。憑藉他在塑膠廠幾年的工作經驗和他特意的調查研究，他得出的結論是塑膠是二戰後的新興產品，由於它具備便於加工、經久耐用和價格低廉的優點，發展前景十分廣闊。1950年，他創辦了長江塑膠廠，生產塑膠玩具和一些家庭生活用品。果然，如他所料，塑膠產品大行其道，受到廣大香港市民的歡迎。

李嘉誠憑藉著自己敏銳的商業嗅覺，選擇了要投資的產業，並一舉成功。獲得了成功，賺得了人生的第一桶金。初戰告捷的李嘉誠沒有停留，依然積極捕捉新的市場訊息。在塑膠玩具上做了七年，李嘉誠發現，塑膠玩具也已經到了窮途末路，必須開發新的產品，才有出路。經過7年時間的發展，香港塑膠產業已經飽和，各個廠家生產的產品大同小異，如果不推陳出新，必定會被淘汰。

同時，李嘉誠注意到，二戰以後，香港經濟逐漸復甦，人們生活水準大大提高，消費觀念也隨之改變，對室內裝飾、美化的需求將日益增強。很多家庭主婦不願意每天侍弄那些花花草草的，如果將在義大利已經興起的塑膠花引進來，必將大受歡迎。自己也將在塑膠產業再次領先，拔得頭籌。

1957年，李嘉誠決定不再生產塑膠玩具，開始生產塑膠花。果然，當塑膠花在各大商場剛一露面，就被顧客搶購一空，有人買花佈置客廳，有人買花餽贈親友，香港一時形成塑膠花熱。就這樣，嗅覺敏銳的李嘉誠再次抓住了未來市場消費的趨勢，迎來了個人事業發展的又一個高峰，獲利豐厚。

後來，李嘉誠敏銳的商業嗅覺再次發揮重要作用。李嘉誠看到房地產市場的中興之勢，抓住時機，果斷出手，投資房地產業，果然，李嘉誠又一次獲得豐厚的利潤。

一個沒有敏銳嗅覺的人是註定要失敗的，市場變化多端，商機稍縱即逝，缺乏敏銳的嗅覺，註定會坐失良機。對市場變化不能做出靈敏的反應。做任何事都會慢上一拍，事事都在別人已經做過之後再出手，自然不能獲得豐厚的利潤。

想要創業，一定要擁有敏銳的嗅覺，發現商機，果斷出手，一定可以在市場中賺得屬於自己的財富。作爲經營者要想讓自己的生意長久不衰，更上一層樓，就更需要保持冷靜的頭腦和敏銳的洞察力。只有這樣，才能準確預測事物的發展趨勢，不至於做出錯誤的判斷，使自己的企業陷入難以逆轉的困境而不能自拔。

2 不跟風不盲從，要有自己的主見

做生意究竟要遵循什麼樣的原則才能保證不被市場淘汰呢？李嘉誠告訴我們：**「要永遠相信，當所有人都衝進去的時候趕緊出來，所有人都不玩了再衝進去。」**這就和「物以稀爲貴」是一個道理。同樣是一塊蛋糕，參與分的人越少，越能獲得的更多。所以，投資做生意，一定要首先考慮市場是否已經飽和。

在商業社會裡，任何一個行業，都有它自己的高潮與低谷。我們必須擁有像超人一樣的眼光，先一步洞察其發展趨勢，權衡其中利弊所在，大膽投資，放手一搏，就能夠把生意做好。

當一個產業已經有很多人衝進去的時候，不論他現在的發展如何，都應該果斷地退出。再大的蛋糕，分的人多了，利潤也就越來越薄，在這樣的產業裡只能浪費時間。當年李嘉誠在塑膠花產業風生水起，被稱爲「塑膠花大王」，但是他卻在那個時候果斷地退出了塑膠花行業，因爲他看到了塑膠花產業的現狀。只在香港就有好幾百家工廠在生產塑膠花，而香港市場根本已經無法再吸納更多的產品，再加上人們生活理念的變化，塑膠花必將走下坡路。李嘉誠第一個將塑膠花帶入香港，開創了一個塑膠花時代，將更多的人帶入了塑膠花產業。當所有的人都一擁而上的時候，李嘉誠卻主動地退了出來，這就是李嘉誠的智慧。

當很多人都從一個產業退出來的時候，李嘉誠卻主動地投入這個產業。很多時候，人們就是因爲認不清形勢，只是因爲經濟處於低谷期，一些產業出現暫時的衰退，很多人就慌慌張張地退出。而李嘉誠卻能夠透過眼前的形勢，看到產業未來的發展趨勢。只要這個產業將來有復興的機會，李嘉誠就會在大家紛紛退出的時候，主動吸納，進軍這個產業。當年，文化大革命波及香港，香港一度陷於慌亂，很多富豪紛紛逃離香港，爲了挽回部分損失，他們在走的時候都會將自己手裡的樓盤拋售，李嘉誠抓住了這個時機，趁樓市崩潰的時候，以低價購買了大量的住房，等到這股風刮過，香港經濟復甦，房地產業再次復興，李嘉誠就賺到豐厚的利潤。

「當所有人都衝進去的時候趕緊出來，所有人都不玩了再衝進去」，也就是說，投資做生意不能死板，應該順勢而爲，抓住市場的空白處進行投資，做第一個吃螃蟹的人一定是賺的更多的人。

2004年9月，李嘉誠注資9億元人民幣欲打造成世界玩具交易中心的廣州國際玩具城，正式對外展示其樣板街。這是由長江實業、和記黃埔和廣州市國際玩具中心有限公司合資成立。該項目共分三期，總投資爲15億元人民幣，長江實業、和記黃埔各注資4.5億元人民幣，各佔有30%的股份。

這是李嘉誠旗下公司首次殺進廣東玩具業，爲了打理該專案，長江實業派出了長江實業（集團）有限公司中國物業發展部經理陳伯榮，出任廣州國際玩具城有限公司總經理，而擁有歐洲第二大零售網路的和記黃埔，將通過國際化管理和零售網路吸引國際玩具巨頭和國內玩具廠商進駐。此項目的另一名投資商吳楷明表示，該項目不是簡單的玩具批發市場，而是整合了商貿、展示、物流、科研等廠商之間多個環節的產銷研交易平臺，預計每年將拉動玩具以及相關交易達500億元人民幣。

廣東省是玩具生產大省，廣州、深圳、東莞、中山、佛山等地都是重要的玩具生產基地，其玩具生產量占全世界的50%以上，占全國的70%以上，全國8000多家玩具生產企業中，僅廣東一省就超過了4500家。2003年廣東玩具產值達到800億元人民幣，其中出口額達到84億美元。但是，廣東這個玩具生產大省，一直存在著家門口沒有擴展市場的行銷平臺的問題，「一條腿長，一條腿短」制約了廣東玩具業的進一步發展。早在2001年，廣東省玩具協會就提出，要建設一個集貿易、展示、物流、科研、電子商務等集多種功能於一體的玩具交易中心，而最合適的地點就是廣州。廣州是珠三角的中心城市，並且每年兩次的廣交會也讓外商雲集廣州，玩具交易中心可以提供一個常設的展銷平臺，這對於廣東省玩具業的發展將大有幫助。李嘉誠抓住時機，成爲第一個涉足的人，在楊開茂的推動下，2002年年初專案開始初步定下來，2003年2月，李嘉誠旗下的長江實業開始介入合資洽談，4月雙方簽約，7月正式破土動工。

做生意就是要有長遠的眼光，不能被表面現象所迷惑，熱門的投資並不一定會給你帶來更多的利益，也許等你投進去的時候，這個熱門已經開始滑坡。所以，投資做生意一定要學會抓住市場的空白處，透過現有的經濟形勢，分析各種產業的發展趨勢，只有這樣，才能準確投資，獲得豐厚的回報。

3 做生意必須具有國際視野

想要把生意做大，就必須把視野放寬，看到別人看不到的地方，第一個去開拓市場，才能搶佔商機，獲得較高利潤。在經濟全球化的今天，很多的公司紛紛進行跨國投資，將市場擴展到海外。這是一個流行的趨勢，如果你不具備這種寬廣的視野，生意的發展一定會受到限制，不能有大的發展。李嘉誠說過：「企業領導必須具有國際視野，能全景思維，有長遠眼光、務實創新，掌握最新、最準確的資料，作出正確的決策，迅速行動，全力以赴。」

李嘉誠是華人首富，可以說是生意人的楷模。作爲一個成功的企業家，他的生意早已經不局限於香港和內地，海外市場的開發，也是李嘉誠生意的重要組成部分。李嘉誠早在生產塑膠花的時候就已經打通了歐美市場。

李嘉誠的塑膠花在香港一經上市，立刻引起了香港市民的注意，訂單一個接著一個，但是李嘉誠並不滿足於在香港市場發展，他的目光已經投向了北美市場，他要在北美的主流塑膠市場上佔據塑膠花王的位子。

說幹就幹，李嘉誠沒有絲毫的猶豫。李嘉誠認為坐等機會上門、守株待兔的辦法已經不適用於科技日新月異的時代，要想打開北美市場，只有靠自己創造條件、主動出擊才行。當年還不像今天通訊網路這樣發達，一個郵件就可以將生意搞定。那時，李嘉誠的思路是宣傳自己的產品，吸引客戶購買。他馬上印製了許多精美的廣告畫冊，通過在香港的政府有關機構與民間的商會組織，得到許多北美貿易公司地址，再把這些宣傳品寄出去。

李嘉誠的努力沒有白費，北美的一家大的貿易商，在收到了李嘉誠的畫冊廣告後，馬上派貿易部經理前往香港，考察工廠，選擇樣品，準備訂貨。但是，那家公司也不一定就會選定長江廠生產的塑膠花，李嘉誠必須打敗香港所有的敵手，才能爭取到訂單。為了這次的訂單，李嘉誠將以前多年奮鬥來的成果全部投了進去。功夫不負有心人，李嘉誠終於接到了這一份訂單。北美市場就這樣被李嘉誠打開了，此後，國外的訂單源源不斷，李嘉誠最終贏得了「塑膠花大王」的稱號。

李嘉誠具有國際思維，他知道香港並沒有那麼大的市場，如果把生意僅僅局限在香港，永遠不會有大的發展，所以，李嘉誠在自己有了一定實力的時候，就開始拓展海外市場。現在李嘉誠的生意已經遍佈全球，他也正是憑藉著這種國際化思維將他的生意越做越大，最終成就了他的商業帝國。

在商業社會中，流傳著這樣一句話：「大生意做趨勢，中生意看形勢，小生意看態勢。」做大生意的人就是能夠看清產業發展趨勢的人，具備長遠的眼光是做成大生意必備的素質。李嘉誠在投資中從來不講究暴利，總是講求細水長流，因為他的投資總是著眼於長遠的發展，而不是為了獲取一時的暴利。

4 在司空見慣中找商機

財富不會主動送上門來，對於商人來說，要想成功，就要發現別人沒有發現的東西，那些擺在明面上的東西，誰都可以去搶，意義也就不是很大。所以，商人必須學會從司空見慣的事物中發現別人沒有發現的商機。李嘉誠之所以在經商的生涯中一帆風順，大多數投資都能爲其帶來豐厚的利潤，就是因爲具有這種能力。這種能力並不是天生的，而是通過後天培養的，李嘉誠在做推銷員的時候，就在培養自己這方面的能力。

年僅17歲的李嘉誠加入了一家五金廠推銷員的隊伍。李嘉誠一入行，就感到了千軍萬馬過獨木橋般的激烈競爭。於是，他避實就虛，採取直銷的方法。

李嘉誠發現酒樓旅店是「吃貨」大戶，於是他就集中精力對這些堡壘攻堅。因爲在當時，推銷員到酒樓旅店直接推銷的不多，所以競爭不是很激烈。因此，李嘉誠這一招輕而易舉獲得了成功。他曾經打入一家旅店，一次就銷售出100多個鐵桶，業績十分驚人。

自從李嘉誠開闢了酒樓旅館的直銷路線後，其他推銷員也如法炮製，競爭逐漸變得激烈起來。面對這種情況，李嘉誠妙招奇出，一次又一次顯示了他在生活中發現商機的獨到眼光，爲他日後大手筆的投資打下了良好的基礎。

有一家剛落成的旅館正準備開張，這是推銷鐵桶的大好時機。李嘉誠的幾個同事貪功心切，搶先找到旅館老闆，不料全都碰了一鼻子灰，無功而返。原來，旅館老闆中意於另一家他曾經打過交道的五金廠。

知難而退的同事都推李嘉誠出馬。李嘉誠也覺得，放跑這條大魚，實在太可惜，也未免顯得自己太無能，於是他迎難而上，決定碰一碰這顆硬「釘子」。

李嘉誠並不急於去見老闆，而是先與旅館的一個職員交上了朋友，然後再漫不經心地從那個職員口中套知老闆的有關情況，以選擇突破口。

那個職員談到老闆有一個兒子，整天纏著要去看賽馬。老闆很疼愛他，但旅館開張在即，千頭萬緒，根本抽不出時間來。

李嘉誠感覺自己已經找到了打開成功之門的金鑰匙。他讓這個職員搭橋，自掏腰包帶老闆的兒子到快活谷馬場看賽馬，令老闆的兒子喜出望外，興高采烈。李嘉誠的舉動令老闆十分感動，於是很爽快的從李嘉誠手中買下了380個鐵桶。李嘉誠再一次成爲五金廠的一等「英雄」。

李嘉誠這種在司空見慣的事務中，發現商機的能力再日後的生意中得到了盡情地施展，爲他贏得了巨額的利潤。

李嘉誠放棄塑膠花生意，將經營塑膠花所賺的所有利潤和第一幢工業大廈源源不斷的巨額租金收入全部投資到房地產上。可是不到幾年的時間，香港局勢就開始動盪不安，銀行爆發信用危機、房地產價格暴跌，許多建築公司、地產公司紛紛倒閉，發生了有史以來第一次房地產大危機，後來，又爆發了反英抗暴事件。所有這些都嚴重地動搖了投資者的信心，整個香港的地價、樓價處於有價無市的狀態，建築業的活動完全停頓。

在那種經濟狀態下，很多人都認爲香港已經沒生意可做，於是紛紛離開香港。李嘉誠再一次顯示了他獨具慧眼、遠見卓識的才能。在人們爭先恐後地拋售大量地皮、物業的時候，不急功近利的李嘉誠卻在給自己留有餘地。在長江工業有限公司和大量物業的基礎上，他有計劃、有步驟地利用現金將購置的舊樓翻新出租，再用所得利潤全部換取現金大量收購土地，並且採取各個擊破、集中處理的方式，使土地以點帶面、以面連片、縱橫交錯地發展。李嘉誠充分掌握房地產發展的大趨勢，不斷地在司空見慣中尋找商機，爲他以後蓬勃的事業，打下了堅實的基礎。

許多生意都是在各種司空見慣的現象中發生的。但是，大多數人都麻木不仁，感到無所謂，一切順其自然，結果許多機會也就在不經意中溜走了。生意上的發現與財運，並非都是天意，更多的時候是偶然與巧合，有心人利用了這些看似普通的資訊，才成爲財富的擁有者。

第19堂課

機會只給有眼光的人

對市場作出一個正確而及時的判斷往往會帶來財源滾滾；相反，一個錯誤而魯莽的判斷將導致慘重損失，甚至一敗塗地。成功的商人對市場的變化應敏於見微，及時調整自己的產品結構和行銷策略，時刻跟蹤市場的走勢。李嘉誠獨具慧眼，投資別人不敢投資的領域，在看似不可能的地方發現商機，結果他出奇制勝，始終能夠在生意場上搶得先手，率先贏利。

1 劍走險鋒易成功

李嘉誠曾經說過：**「如果別人認為我得到叫做『成功』的東西，那就是我走了人家不敢走的路，尤其是走人家所走的相反的路而得來的。」**縱觀李嘉誠的一生，可以看出，李嘉誠的確是在一次又一次不走尋常路中積累了巨額的財富，獲得了巨大的成功。

李嘉誠最開始創業的時候，選擇了塑膠產業，那個時候，塑膠產業對於香港來說還是一個相對新鮮的產業，並沒有多少工廠在這方面進行投資。李嘉誠意識到塑膠產業即將迎來一個輝煌時期，於是，就果斷投向塑膠產業。

在塑膠玩具和家居用品上經營了7年之後，李嘉誠又一次做出了選擇。他意識到如果不進行新產品的開發，塑膠廠就不會有新的發展。於是，他又遠赴義大利，學習塑膠花生產技術，將塑膠花引進香港，開起了香港塑膠花行業。

在塑膠花生意做到頂峰的時候，李嘉誠又一次將目光投向房地產業，但是，他主要以租賃的方式獲取租金來經營自己的生意。在別人紛紛退出房地產業的時候，李嘉誠卻大肆擴張自己的產業。當他意識到房地產業在香港的暴利時代已經過去的時候，又一次將目光調轉，投資內地成爲李嘉誠新的發展道路。

李嘉誠能夠取得成功，關鍵就是在他敢於創新，走與眾不同的道路。李嘉誠認爲，別人認爲千萬做不得的創意，有可能才是真正好的創意。做生意要爲人之所不爲，那才能使自己的事業持續長久發展。

海爾集團總裁張瑞敏說：「私營公司不斷高速發展，風險非常大，好比高速公路上的汽車，稍微遇到一點障礙就會翻車，要不翻車，唯一的選擇就是不斷創新，不斷打破現有平衡，再建一個新的平衡。」對於一個商人來說，要想成功，就要敢於走別人不敢走的路，在其他人沒有意識到之前，率先走上這條道路。

做生意就是要有一個敢闖的勁頭，走別人不敢走的路，做第一個探索的人，雖然有風險，但是利潤回報也是豐厚的。而且在走這條路之前，已經通過自己的分析，證明了其可行性，風險已經大大地降低了，前方等著自己的就是成功。

做生意不能總是循著別人走過的路往前走，那樣的路上雖然也有利益可圖，但是，都是剩下來的，已經沒有多少利益。想在別人走過的路上獲得成功，需要不斷地創新，在老路上走出新花樣。事實上，這也是在老路上開闢出來的新路。

想要在生意場上取得財富就一定要有冒險精神和創新精神。冒險精神可以使你走上別人不敢走的路，將你推向成功；創新精神可以使你在走別人走過的路時，後來者居上。擁有了這兩種精神，開闢新的道路，財富自然就會滾滾而來。

2 隨時留意身邊有無生意可做

很多做生意失敗的人總是會感歎生不逢時，總是感覺機會與自己擦肩而過。事實上，機會既然已經與你擦肩而過，你就應該在它擦肩的那一霎那間抓住。「處處留心皆學問」，做生意也是一樣，只要用心去發覺，總是會有機會的。李嘉誠說：**「隨時留意身邊有無生意可做，才會抓住時機。」**現代商業社會，競爭激烈，如果你不能最先發現機會，就會面臨激烈的競爭，只有第一個將機會抓到手，才能降低競爭的程度，在生意場上取得勝利。

李嘉誠能夠創造出商場60年不敗的奇蹟，就是源於他的細心，他處處都在留心關注商場的資訊，只要有機會就立刻去嘗試。就這樣，他總是能夠先人一步，搶佔市場，取得豐厚的回報。

在日常生活中，李嘉誠也總是能夠發現商機的存在。不論走到哪裡，李嘉誠的心裡總是裝著他的生意，所以，別人無意的談話，有時也能成爲李嘉誠生意的源泉。其中購買希爾頓酒店就是一個典型的例子。

有一次，李嘉誠去參加一個酒會，突然，聽到後面有兩個外國人講，中區有一個酒店要賣，另外一個人就問他賣家在哪裡，那人就說，在Texas（德克薩斯州）。李嘉誠聽到後，立即就知道他們說的是希爾頓酒店。酒會還沒有結束，李嘉誠就匆匆忙忙地離開了，跑到那個賣家的會計師行那裡，找到Auditor（審計師）馬上講，他要買這個酒店。那人感覺到很奇怪，就問李嘉誠：「我們兩個小時之前才決定要賣的，你怎麼知道的？」李嘉誠說：「如果你有這件事，我就要買。」李嘉誠當時估計，全香港的酒店，在兩三年內租金會直線上揚。（賣家）是一間上市公司，在香港擁有希爾頓，在巴里島是Hyatt Hotel（凱悅飯店），就算只算它香港希爾頓的資產已經值得李嘉誠買下來了。

這單生意做得非常順利。幾乎沒有遇到任何競爭對手。李嘉誠在旁人都不知道的情況下，搶先出手，直接就將希爾頓酒店買了下來。這單生意做得非常值得，李嘉誠從中獲取了高額利潤，據李嘉誠講，買下希爾頓酒店之後，李嘉誠的公司資產每年增值一倍。

隨時留意身邊的資訊，只要是對你賺錢有利的資訊就要仔細思考，是否有生意可做，如果有就果斷出手，搶佔先機。

「冠生園」的創始人冼冠生也是一個眼觀六路耳聽八方的生意人，這種品格為他贏得了豐厚的利益。

有一次，他去重慶汪山看望一個朋友，朋友家隔壁住了一位外國老太太，聽說冼冠生是名聞山城冠生園的大老闆，便邀請去她家做客，煮咖啡和做西式點心熱情款待。

煮咖啡的時候，冼冠生發現主人沖咖啡的是白糖而不是方糖，就問這種白糖是從哪裡來的，尋根問底，老太太只好告訴他，這是土白糖，雖然很甜卻不乾淨，有渣滓，她裹雞蛋清加工提煉，效果很好，潔白，溶化快，比進口方糖還甜。

冼冠生聽後，急忙告辭回家，找來工廠糖果技師鄭文浙研究。鄭文浙告訴冼冠生，他以前也用此方法提煉過，就是不能褪色，正為此苦惱。冼冠生二話不說，拉上鄭文浙提著5升中號白糖，趕往汪山，向外國老太太求教，終於把提煉方法學到手。回去試製，一舉成功，定為「潔糖」，試銷後備受歡迎，特別適合嬰兒食品。就這樣，他的企業獲利豐厚。

成功的機會很多，它們往往蘊藏在生活中不起眼的角落。我們必須事事留心。做生意不可心浮氣躁，粗枝大葉，細心的人才能發現更多的商機，取得更大的成功。

3 眼睛不能只盯著自己的小口袋

很多生意人取得一定成功之後，就變成了井底之蛙，眼睛只能看到自己的一片小領域，忽略了外面的大世界。這樣一來，生意就局限在一定的範圍之內，難以有新的突破。想要把生意做大，就要開闊視野，在一個領域達到頂峰之後，立刻將目光轉向其他領域，繼續開拓進取。李嘉誠告誡我們：「**眼睛僅盯在自己小口袋的是小商人，眼光放在世界大市場的是大商人。**一個商人能夠把生意做多大，取決於他能夠看多遠。如果你不想做一個小商人，就把眼光放遠一點，銳意進取。」

李嘉誠就是一個永不滿足的商人，一旦有機會，他就會開闢新的市場，投入新的領域，繼續做出成績。他從不會爲自己已有的成功沾沾自喜而停止前進的腳步。靠著這種精神，他不斷地在商場中打開局面，取得大的成功。

李嘉誠發家的基礎是投資塑膠業。當年，他的長江工業在塑膠業開拓創新，取得了令人矚目的成績，成爲香港塑膠行業的龍頭老大。就一般人看來，李嘉誠在這個行業輕車熟路，應該繼續開拓，爭做世界塑膠業的泰斗。但是，李嘉誠已經開始考慮爲自己手中一億元的龐大資金尋找新的出路。

一天，李嘉誠獨自驅車在外面兜風，無意中看到原野上的農民正忙於耕作，建築工人正忙於蓋房子。李嘉誠腦袋豁然開朗，是啊，爲什麼沒有想到房地產呢？

香港地域狹小，人口密集，四五百萬人擠在區區1000平方公里的土地上，香港已成爲當今世界上人口密度最高的地區之一。同時，香港的人口現在仍以平均每年10萬人的速度在增加，使這個素有「東方之珠」美譽的香港，成了名副其實的「珍珠」。

李嘉誠從人口的激增，生存空間的有限，經濟發展的神速，土地使用的日趨重要，預見到地價來日必然暴漲，香港地產業極具發展前途。他贊成有人曾指出的「從古至今，以房地產最能保存幣值和牟取暴利，尤其在『寸土寸金』的彈丸之地的香港。」

李嘉誠當機立斷，決定投資地產業。1958年，他開始涉足地產界，在香港北角購地興建12層高的工廠大廈。1960年，又在柴灣購地興建一座工廠大廈。兩座大廈總面積達到12萬平方英尺。這就是說，當香港、九龍和新九龍中心地區地價猛增，私人土地開發者在荃灣、元朗和大埔開始投資房地產時，李嘉誠就已經捷足先登了。

後來，中國政府又實行了對外開放、對內搞活的政策。香港作爲西方進入中國內地進行經濟活動的重要門戶和中國通往世界市場的橋樑，更加吸引了世界各地的投資者。各種各樣的商務活動從四面八方湧向了香港。他們大開辦事處，建立商場、賓館，成立貿易公司，這樣就更加大了對地皮的需求量，使得香港土地、樓宇供不應求，刺激房地產價格的猛升猛漲。李嘉誠洞察時機，看好房地產市場的發展趨勢，利用各種管道聚斂資金，大力發展地產業。到1977年，李嘉誠擁有的樓宇面積，擴大到了1020萬平方英尺，1979年增到1450萬平方英尺。隨著地價幾十倍、上百倍的猛漲，地產鉅子李嘉誠的財富也就如長江之水滾滾而來了。

做生意就要有銳意進取的精神，只盯著自己的小口袋很容易滋生自大的情緒，局限於眼前的利益。只有把眼光瞄向大的地方，才能知不足而後勇，向新的領域發起挑戰。保持這種精神，才能做到事事領先，獲得一個又一個成功。

4 全球化時代，要用全球化思維做生意

李嘉誠說：「全球化時代，要用全球化思維做生意。」商人有國界，生意無國界，全球化時代已經到來，做生意已經不能再局限於本國。現代商人必須要具備全球化思維，才能在商業競爭中取勝。所謂全球化思維，就是在投資某一項生意時，不能僅僅考慮本國的情況，而要綜合考慮全球市場。

現代社會，資訊昌達，利用全球資源做生意已經不是一件困難的事情。那些成功的商人，都是足跡遍四海，經營範圍、經營領域涉及全球的人。他們視野開闊，每一項生意都與國際接軌。在全球範圍內動用資源、整合力量，最大限度地做大自己的生意。

順應全球發展確實，整合全球資源，能夠在國際市場上分一杯羹的商人，做的才是真正的大買賣。在全球化時代，商人面臨的競爭也不再僅僅是來自國內同行業的競爭，還有國際上的競爭，如果沒有全球化思維，早晚會被那些國外企業打垮。

李嘉誠早在20世紀80年代，就開始在全球佈局。當時，李嘉誠的長和系企業開始進軍海外，其業務範圍包括能源、地產、電信、零售和貨櫃碼頭，以香港為基地延伸到祖國內地、北美、歐洲和亞太地區。其中港口業務在全球15個國家和地區投資進入30個碼頭。

1992年3月，李嘉誠、郭鶴年兩位香港商界巨頭攜60億港元鉅

資，赴日本札幌發展地產。這一舉動立刻在日本商界引起了轟動。

在1996年，爲了集中力量專門從事業務，用專業化對付來自全球的競爭對手。李嘉誠改變了原先的經營模式，實施分拆計畫。他將長實與黃埔旗下的業務進行分拆上市。他首先成立了長江基建公司，長江基建公司主要負責長江實業與和記黃埔旗下在香港的基建項目。

1996年7月17日，長江基建正式在香港上市後，以12.65元的股價成功集資36億港元。與此同時，和黃也成功擊敗競爭對手，獲得了巴拿馬兩個港口25年的經營權。

全球投資，帶來的是後期良好的回報。到了20世紀90年代後期，歐美經濟放緩，香港和英國港口進出口貨物數量下降，輸送量呈負增長。但由於內地經濟一枝獨秀，深圳鹽田港輸送量始終保持大於20%的增長量，使得港口業務的整體平均增長率相對穩定。

將自己的生意遍佈全球，可以規避風險，即使其中有的國家經濟下滑，也不會影響全域。只要不爆發全球性經濟危機，那些保持著高增長的地方，會讓當年的贏利水準保持一個平穩的態勢，從總體上看，仍然是贏利的。

全球化經營可以實現優勢互補。現代商業發展無非需要資金、技術、市場和勞動力。根據產業的不同，要求的側重點也就不同。每個國家都有自己發展經濟的優勢。我們可以選擇適合自己生意發展的國家進行投資，這樣，可以節約營運成本，獲得更大利益。

全球化進程不斷加快，商人面對比以往更加複雜的市場環境與競爭態勢。想要在這種環境下勝出，商人們必須學會用全球化的思維來經營生意。誰能夠先知先覺，高瞻遠矚，率先將眼光放在全球，誰就能在商界取得成功。

第20堂課
關鍵是要賺到開心的錢

年輕人夢想擁有財富沒有錯，但是不能對自己的欲望不加節制；否則，會陷在欲望之中，財富反而會離自己遠去。「知止知足」是李嘉誠的座右銘。「知止」二字就壓在李嘉誠的辦公桌玻璃下。知止，生意才可以不敗；知足，人生才可以更美好。當生意蒸蒸日上的時候，應該「知止」，適時收斂，方能以策萬全；當財富累積到一定程度的時候，應該學會知足，才能不為金錢所累、行差踏錯。

1 貪得無厭遲早會栽跟頭

俗話說，「人心不足蛇吞象」，做生意最忌諱貪欲。做生意的目的就是爲了賺錢，商人每天會面對很多的利益，很多商人就因此而陷入利益的漩渦而無法自拔。追逐利益沒有錯，但是不能過分追求；否則，很容易在利益的泥沼中越陷越深。

李嘉誠告誡我們：**「當生意更上一層樓的時候，絕不可有貪心，更不能貪得無厭。」**馬兒在坑窪不平的路上很少會失足，但是到了柔軟的草地上卻很容易馬失前蹄。做生意就是這樣，創業初期，在艱難困苦中往往能夠順利度過，但是在生意蒸蒸日上時，卻忽然垮掉。這是因爲這個人在生意越來越好時，感覺越來越不滿足，總希望獲得更多的利益，所以被利益蒙蔽了雙眼，作出了錯誤的判斷和決策，最終一敗塗地。

揠苗助長的故事都知道，但是依然有很多人在重複著這樣的錯誤。看看那些每年被淘汰出局的企業，基本上都是在事業輝煌的時候，貪欲漸旺，失去了理智，盲目地擴張，最後兵敗如山倒。

想要把生意做大，想要取得更多的財富，就不能只求一時的利益，要講究細水長流。做生意就是求得持久穩定，在利益面前能夠保持理智，依然堅定地循序漸進的商人才能真正地獲得成功。

把生意做大做強是每一個經營者的願望。持續地投資是把生意做大做強的有效途徑，所以很多生意人就會拚命地投資，即使貸款也要擴大經營規模，結果攤子越來越大，戰線拉得越來越長，資金鏈條斷裂，無法收場。但是，李嘉誠卻對此保持著一種警惕。他說：「作爲企業，在生意順利的時候，如果連續擴張後要切忌加大投入，絕對不能過分貪婪。」

李嘉誠從塑膠玩具開始做起，然後生產塑膠花，接著轉向房地產業，現在堅持多元化的發展方針。李嘉誠一步步地推動著自己的公司壯大。就連李嘉誠這樣的「超人」也用了幾十年的時間才完成了這一項項的舉措，更何況我們。李嘉誠一直堅持穩健的發展方針，生意做得越順越大，李嘉誠就越是冷靜、更加警惕。他從來沒有因爲不斷成功而顯出急功近利的心態。李嘉誠經常提醒大家：「大前年賺錢了，前年賺到了，去年也賺錢了，如果今年還能賺到，那就太好了。可是，這個世界沒有那麼順利的事，賺了3年以後，第4年是不是還會賺呢？所以經商時應該有賺了3年就退回一年份的想法才好。」李嘉誠看來，如果有了這個決心，現在就不用驚慌，就算排除一年份，還會剩下二年份。有了這種想法，就不會有苦惱，因此也就不會慌張，因爲不慌張，所以能輕鬆地處理事物，這時候也會激發出智慧，說不定在第4年還會有賺錢的事。

李嘉誠時刻用理智克制著自己的貪心，理性保證了他的決策的科學性，避免了企業在輝煌的時候翻船。

「知足者常樂」，一個生意人如果能夠達到知足的境界，就一定能夠在生意場上無往而不利。知足的人能夠始終保持理智，在經濟大潮的推動下，依然能夠平穩前行。貪心不足的人總是在追逐利益，說不定那一天就碰上了大風浪，導致船毀人亡。

對此，李嘉誠指出：「商業投資需要具有良好的心理素質，禁忌貪欲過甚而不知自制。」作爲一個商人，由於貪欲不止，往往只見利而不見害，結果是利益也沒有得到，禍害反而先來臨了。

當貪欲主宰人的思想時，他就恨不得天下的利益都歸他一人所有，爲了滿足不斷膨脹的欲望，就會採取一些不正當的手段，缺斤少兩，或是以次充好，或是以假當真，欺騙他人，以獲暴利。時間久了，就會失去人們的信任，合作夥伴也會離自己而去，在經濟浪潮中就獨木難支，很快支離破碎。

面對現在複雜的市場環境，經營者一定要保持清醒的頭腦，在利益面前保持理智，確保發展的穩定性。盲目地擴展只能取得一時的利益，在穩定中求發展才是企業的生存之道。

2 我知足，但不表示沒有上進心

李嘉誠說：「我知足，但不表示沒有上進心。」李嘉誠白手起家，最後能成爲華人首富，靠的就是上進心。如果一個人沒有上進心，怎麼能一步步地從無到有、由小變大呢？知足是生意穩定發展的必要條件，但是知足並不代表滿足，不滿足自然就會有上進心。只要有上進心，就不會被任何困難打倒。

知足講的是不過分強求，穩中求勝，商人必須要有知足之心，但是卻不能有滿足之意。滿足會使人懈怠，以致停滯不前。想要在生意場上成功，想要得到更大的財富，就必須有上進心，堅持不懈、不畏艱險才能博得最後的勝利。知足而不滿足，才能擁有長久向前的動力，成功才永無止境。

20世紀80年代初期，當李嘉誠以「蛇吞象」的方式收購英資和記黃埔，成爲轟動香港乃至國際商界的「入主英資洋行第一人」的時候，香港人爲之振奮。當時的經濟評論抓緊機會，在新界政務司的外籍人士鐘逸傑，對李嘉誠尊敬的態度上也做出一番渲染：

「在以前的殖民地時代，外國炮艇經常在中國外河巡邏，而中國人又被稱爲是遠遜於白種人。雖然時代改變了，香港這殖民地是由政治上的方便而存在，而不是因爲武力而存在。但是當長江宣佈與僑光合作在沙田東廠建造高級房屋時，新界政務司鐘逸傑迎接李嘉誠參加典禮，很多人都感到驚訝。鐘氏當時伴在李氏身旁，在李氏未坐下時不肯坐下，他常常望著李氏，顯露羨慕之意，尤其是當他強調中國、香港和長江將不斷合作時，他們兩人都對前景很樂觀。李嘉誠這位商界奇才啓發了很多年輕人，又維護著香港的經濟前途……」

古人云：「成事業者，無非是天時、地利、人和。」第二次世界大戰結束後，香港經濟的騰飛，實際上就是一曲時勢造英雄與英雄造時勢的凱歌。

在香港這個地狹人多的地方，由於得天獨厚的地理環境，以及比東南亞其他地區相對穩定的政治環境，使得其經濟突飛猛進的發展成爲可能，因而造就了像李嘉誠、霍英東、鄭裕彤這樣一些白手興家、艱苦創業的英雄人物。在環境和機會對於創業者都是均等的情況下，他們憑著自己敏銳的觀察力，以及頑強的拚搏精神，在各種投資風險裡摸爬滾打，一身泥濘、一身血汗地奮鬥著。在這個奮鬥過程中，他們曾經失敗過、跌倒過，但最後他們都咬緊牙關，直立起佈滿傷痕的軀體，直到他們平安地渡過各種艱難險阻。他們充分地利用著香港經濟發展的奇蹟，同時也在不斷地創造著香港經濟發展的奇蹟。

在這些商業英雄之中，有的是在香港土生土長的「世家之後」；有的是在大陸解放之後由上海、天津等地遷到香港的資本家；有的是利用香港飛速發展的大好時機，發憤自立的家境貧寒、窮苦人家的子女。但是，他們都是在各自不同的角度，各種不同的程度上，在激烈的國際商戰情勢中，不斷接受時代賦予的一次比一次更有創意的挑戰，他們在堅忍不拔、不屈不撓的競爭中生存、發展，他們打破常規，傲視一切，最終成爲了爲香港經濟的發展做出巨大貢獻的企業家群體。

默多克曾經對他的朋友說過這樣的話：「你像一隻白老鼠，你聰明，受過高深的教育，但你沒有艱苦奮鬥、掙扎求生的本能。我是一隻褐色老鼠，我可能是一個不可教育的傢伙，但是我能夠吃苦耐勞，不怕犧牲；如果我的一隻腿陷在夾子中，那麼爲了脫身，我會把那隻陷在夾子中的腿弄斷，而在所不惜。」沒有高智商有上進心的人不一定會成功，但是有高智商沒有上進心的人永遠不會取得成功。

「昨夜西風凋碧樹。獨上高樓，望盡天涯路」此第一境也；「衣帶漸寬終不悔，爲伊消得人憔悴」此第二境也；「眾裡尋他千百度，驀然回首，那人卻在，燈火闌珊處」此第三境也。成功者必須有上進心，必須經歷前兩個境界，最終才能達到第三個境界。

如果沒有上進心，沒有頑強的意志力，沒有不屈不撓的拚搏精神的支撐，李嘉誠就不可能平安地跨過生命中一道又一道出人意料的轉折，也不可能順利地渡過創業中一道又一道漩流湍急的險灘，更不可能令人驚歎地取得今日如此輝煌的成就。

上進心貫穿了李嘉誠長達半個世紀的奮鬥生涯，正是這種心態表現出的強大能量，讓李嘉誠度過了人生中的一次次磨難，掃除了人生中的障礙，獲得了一次比一次更大的成功。

財富不可以隨隨便便地就獲得，但凡成功者，都是憑藉著不屈不撓的上進心，經歷過重重的磨難，才有了後來的財富。想要擁有更多財富，就要知足而不滿足，始終保持上進心，在困難面前不退縮，在挫折面前不低頭。上進心是獲得財富的必要條件，是我們前進的巨大動力。

3 不義而富且貴，於我如浮雲

生意人賺錢也要講原則，不能什麼錢都賺！孔子曰：「不義而富且貴，於我如浮雲。」商人決不能被利益所誘惑，幹不義之事，取不義之財。君子愛財，必須取之有道，面對不義之財，應該有克制力，堅決摒棄不義之財。

現代商業社會，生意五花八門，賺錢的門道很多，我們必須有選擇地經營生意，損人利己的生意堅決不能做，危害大眾的生意更不能做。李嘉誠在商場上縱橫幾十年，從來都沒有做過損人利己的生意，只要是損害別人利益的生意，就算是能賺再多的錢，李嘉誠也堅決不做。他這種高尚的品格為他在商場贏得了尊重和讚譽。

1987年10月19日，恒指暴跌420多點，被迫停市後於26日重新開市，再瀉1120多點。股市愁雲籠罩，令投資者捶胸頓足，痛苦不堪。整個香港商界股市硝煙瀰漫，股市大亨們自顧不暇，再也沒有能力參與置地收購，而置地本身的股票也跌了近四成。

外界紛紛揣測李嘉誠會在這個時候趁機收購置地。但是一直善於等待時機、捕捉機會的李嘉誠，這次卻沒有借大股災中置地撲火自救、焦頭爛額之際趁火打劫。收購置地的計畫也由此擱淺。

李嘉誠曾經說過：「這樣說吧，以一個富有的人來說，正常生活所需要用的錢所占比例只是很少，一生沒法子用得完。譬如，我以二三十年前的財產，就算由那時開始不做事，錢一生也花不完，不用說二三十年後的今天。所以**我認為，既然你已有一生花不完的錢，而錢又是賺不盡的，這種情況下，若你為了賺錢做一些對不住良心的事而損壞你的名譽，這個人就很傻**。我一向的做法就是盡本分去賺錢，將賺到的錢，部分給社會上有需要的人，在醫療教育上出力，我盡我的能力去做好些，再加上從來不與世上任何人去比較財產的多少，所以在這種心理下賺錢只有少許的壓力」。

這就是李嘉誠的賺錢之道，本本分分地賺錢，才是成功商人應有的賺錢之道，財富要通過正當的手段來獲得，要用自己的雙手來創造。做人要有不貪圖財富的高貴品格，因爲很多東西是用金錢能買得到的，而高貴的品格卻是無價之寶，我們要多做一些有意義的事情，做一個高尚的人。

李嘉誠說：「是我的錢，一塊錢掉在地上我都會去撿；不是我的，1000萬塊錢送到我家門口我都不會要。我賺的錢每一毛錢都可以公開，就是說，不是不明白賺來的錢。」大聖人孔子也曾經說過：「富與貴，是人之所欲也，不以其道得之，不處也。貧與賤，是人之所惡也，不以其道得之，不去也。」人人都想擁有財富，但是財富必須來源於正道。

現代社會，很多人爲了賺錢，想盡一些辦法，不惜出賣自己的良心，搞權錢交易，雖然一時之間獲得了巨額的利潤，但是並不能獲得永久的利益，甚至最終自食惡果。

曾經的內地首富、國美電器總裁黃光裕，就是爲了賺錢而身陷囫圇。2006年，爲使旗下地產公司借殼上市，黃光裕入股上市公司中關村。一手操辦中關村重組過程中，黃光裕以內幕人員身分提前埋伏，在資產重組的內幕資訊敏感時期，大量買入中關村股票，以圖獲利。

從2007年7月起，黃光裕夥同中關村公司董事長許鐘民，利用掌握中關村和鵬潤地產進行資產重組的內幕資訊，買入中關村股票。黃光裕指使手下開立了80多個股票帳戶，黃光裕妻子杜鵑負責在交易時間指揮多個操盤手，累計買進1億餘股，成交額超過13個億。

商人要謀利，但是不能唯利是圖。商人必須有自己的氣節，該取的利益，當仁不讓；不該取的利益，拒之千里。克制自己的貪欲，在利益面前三思而後行，不要因爲一時的暴利而導致一生的良心不安。

4 我為自己的內心感到富足

1995年8月，中央電視臺節目主持人宣佈李嘉誠爲香港首富。李嘉誠說：「不，我跟你講，所謂首富大家都明白，是一個錯誤。在香港比我有錢的人不少，我不可以講他們的名字，然而香港人都明白。但是，富要看你的做法，是怎樣富的。如果單以金錢來算，我在香港第六、第七名還排不上，我這樣說是有事實根據的。我認爲，富有的人要看他是怎麼做。照我現在的做法，我自己內心感到滿足，這是肯定的。」李嘉誠所擁有的財富在很多年前就已經足夠他一輩子的開銷，但是，他依然在賺錢。但是李嘉誠沒有陷入金錢中，他曾經這樣說：「我賺錢不是只爲了自己，爲了公司，爲了股東，也爲了替社會多做些公益事業。」正是他的這種想法和做法，讓他不僅收穫了財富，更收穫了內心的滿足。

李嘉誠並不在乎首富這個虛名，他更看重的是自己高尚的爲人，看重用錢來幹什麼。李嘉誠積極投身公益事業，他的樂善好施在業界是出了名的。他正是在幫助別人的同時，收穫心靈的滿足。高尚的品格充實了他的內心，物質的富足化歸心靈的富足。

李嘉誠出資幫助家鄉修建安居樓和醫院，緊接著又資助家鄉450萬元修建韓江大橋。李嘉誠與夫人莊月明和母親李莊碧琴老夫人，還捐資111萬餘港元修建了潮州市的開元鎮國禪寺。先後捐資修復開元寺的山門、天王殿、大雄寶殿、觀音閣等。他們的名字都已鐫刻在大寺內左側回廊「樂善好施」的碑石上。

1987至1990年，李嘉誠又捐資80萬港元給潮州、潮安兩醫院作「醫療福利基金」；1985年，他給潮州市庵埠華僑醫院捐贈了12萬港元；1989年，捐贈10萬港元給潮州作爲「教育獎勵基金」；1990年，捐資150萬港元建潮州市體育館。此外，1992年還捐款50萬港元贊助南澳縣人民醫院。

不僅如此，李嘉誠非常熱愛教育事業。20世紀80年代，李嘉誠出資8.8億在汕頭興建汕頭大學。李嘉誠爲了這所大學，東奔西走，傾注了大量的心血。在扶助殘疾人事業上，李嘉誠也是不遺餘力。由李嘉誠捐款一億港幣資助的「長江新里程計畫」，是李嘉誠與中國殘聯共同描繪出的一幅美好藍圖——開發長江普及型假肢，建立農村裝配服務網路。到2015年前，中國將形成年裝配兩萬例假肢的能力，並滿足更新維修的需要，讓每一個下肢殘缺者都能站起來；

針對盲童身心特性、居住分散的實際和融入社會的需要，在中西部12個省份推行一體化教育，吸納盲童隨班就讀，資助貧困盲童入學。

2008年5月12日，汶川發生芮氏8.0級大地震後，李嘉誠和他的基金會迅速行動起來，李嘉誠個人向汶川災區捐款103億。後來，李嘉誠表示要援助災區震後教育工作。2009年3月25日，李嘉誠基金會捐助四川地震災區教育專案啓動儀式在成都舉行。

李嘉誠認爲「人生的最大價值在於無私的奉獻」，「人的一生應該爲國家、民族和人類做一些高尚有益的事情」，「爲年青一代創造一個更加美好的明天」，「一個人當他在生命的最後幾分鐘，想到曾爲國家、民族、社會做過一些好事時也就心滿意足了。」

錢是永遠賺不完、賺不盡的，生意人不能把所有的精力都用在賺錢上。**賺錢不是最終的目的。錢的去處才是生意人最應該關注的事情。**錢是物質的，帶給人們的只是流於表面的滿足。只有當錢用在應該用的地方，轉化爲生意人內心的滿足的時候，錢才是真正發揮了應有的作用。生意人賺錢不能蠅營狗苟，賺錢有方、花錢有道，才是生意人最高的境界。

第21堂課

樸素簡單是成功不可缺的素質

年輕人應該奉行樸素簡單的生活，即使成功之後，也要堅持，決不能過上驕奢的生活，要知道，成由節儉敗由奢是亙古不變的真理。李嘉誠一生都奉行樸素簡單的生活，創業初期，為了節省車費，李嘉誠跑著去聯繫業務；成功之後，李嘉誠依然和普通人一樣過著簡單的生活，並沒有陷入紙醉金迷之中。

1 勤、儉、誠是創業的三要素

但凡成功者，其身上都具備勤、儉、誠三個要素。勤奮是一切事業的基礎，創業本就是一個艱苦卓絕的過程，沒有勤奮作支撐，一切都無從談起；節儉是一種美德，它在事業的興衰中起著重要的作用，古語說：「成由節儉敗由奢」，過度的奢侈會成爲失敗的源頭；誠是在生意場上勝出的重要因素。做生意講究誠信經營、童叟無欺才能贏得別人的信賴，足夠的誠信會成爲生意源源不斷而來的不竭動力。

從李嘉誠一生的奮鬥經歷來看，這種樸素的價值觀在李嘉誠身上表現得淋漓盡致。憑藉著勤、儉、誠3個字，李嘉誠在商場裡如魚得水，登上了華人首富的寶座，取得了人人豔羨的成功。

李嘉誠說：**「成功之道是勤奮和節儉，並創建良好的信譽和人際關係。尤其是勤奮、節儉，缺一不可。」**勤奮是李嘉誠自小養成的習慣，早在李嘉誠到香港之前，他就是一個勤奮的人，那個時候的李嘉誠生活還是比較安逸的，他在學堂裡念書，一直都是最出色的一個。後來，隨著家人來到香港，爲了能夠適應香港的環境，他開始努力學習粵語和英語。父親去世後，李嘉誠不得不離開學校，賺錢養活家人。在打工的過程中，李嘉誠依然沒有忘記學習，孜孜不倦的學習，讓雖然沒有進過學堂的他擁有比別人更多的知識。在做推銷員的時候，李嘉誠總是最認真的一個，他堅信「勤能補拙」，所以他總是比旁人多幹幾個小時來彌補自己的經驗欠缺。創業成功後的李嘉誠依然是準時上下班，有時候比員工上班的時間還要長。這個時候的李嘉誠還是沒有忘記補充自己的知識，依然堅持每天都看書。

李嘉誠的成功之道很簡單，那就是「克勤克儉」。對於李嘉誠來說，辛苦是一種歷練，會在心底培植出無邊的毅力；節儉是一種理性思考，讓他明白了如何利用有限的資源創造無盡的財富。靠著勤奮，李嘉誠完成了旁人難以堅持下來的事情，憑著一番艱苦終於爲自己打拚了一方天地。靠著節儉和誠信，李嘉誠擁有了第一筆啓動資金，開辦了屬於自己的工廠，打下了事業的根基。

李嘉誠下定決心創業時，手中資金緊張。他打工沒有幾年時間，薪水也不是很高。他每賺一筆錢，除了日常必用的部分外，全部交給母親，以維持全家人的生活，並沒有太多的積蓄。

李嘉誠總是對他人說：「我之所以能拿出一筆錢創業，是母親勤儉節省的結果。我每賺一筆錢，除日常必用的那部分，全部交給母親，是母親精打細算才維持了全家的生活。我能夠順利創業，首先得感謝母親，其次要感謝那些幫助過我的人。」

經過一段時間的準備，李嘉誠湊足了5萬元的創業資金，除了他自己做銷售員攢下來錢以外，都是從親朋好友手裡借來的。李嘉誠無論在工作中，還是在日常交往中，都給別人留下了良好的形象，大家都感覺到他誠實穩重，將來定會大有前途，所以都樂意資助他創業。因而在李嘉誠借錢時，並沒費太多的周折。

爲了尋找廠房，李嘉誠從港島到九龍，跑了一個多月，才在港島東北角筲箕灣租借了一處破爛不堪的廠房。在困難的條件下，開始了自己艱辛的創業歷程。

創業成功後的李嘉誠依然腳踏實地工作，努力地實現自己的抱負。身為老闆的他和員工一樣，甚至比員工付出了更多的努力。他和員工一樣吃著員工餐，為了省下路費，他總是乘坐巴士，甚至直接走著。他親自到車間裡，和工人們一起工作。業餘時間，他還不斷地學習，塑膠業的發展日新月異，新原料、新設備、新製品、新款式源源不斷地被開發出來。李嘉誠總是不忘吸收這方面的知識。

勤奮、節儉和誠信是創業最重要的因素。擁有這三方面品質的人不一定會成功，但是缺乏這些品質的人一定不會成功。勤奮才能克服創業中的艱辛；節儉才能擁有創業資本，才能節約運營成本；誠信才能使生意獲得長遠的發展。三者合一就成了創業成功的保障。

2 一生不能丟艱苦二字

一般人看來，艱苦只屬於創業階段，成功之後，理應享受成功帶來的成果，因此變得窮奢極欲，逐漸走上失敗的道路。很多成功商人因此在一夜之間失去了一切，再一次變得一文不名。艱苦應該是貫穿始終的一種生活態度與精神風貌。能夠保證持久不衰的成功的商人大都具有這種精神，這種生活態度使他們的生意更上一層樓。

李嘉誠曾經說過：「一生不能丟艱苦二字。」而且他也是自始自終保持這種作風。成功後的李嘉誠擁有巨額的財富，任何他想要的生活都可以輕而易舉的實現，但是李嘉誠沒有忘記那段艱苦卓絕的日子，創業初期的那份艱辛一直在他的心裡縈繞。他依然過著平凡而普通的日子。1995年8月，香港《文匯報》刊出有關李嘉誠的訪談錄。李嘉誠說：「就我個人來說，衣食住行都非常簡樸、簡單，跟三四十年前根本就是一樣，沒有什麼分別。」

李嘉誠擁有名貴的房車和遊艇，但他卻喜歡乘坐普通的轎車，有時也坐的士。每天早晨6時，李嘉誠喜歡自己開車到高爾夫球場去打球，鍛煉身體。早飯後9時上班。節假日也喜歡全家人乘遊艇出海，游泳、潛水攝影。過去也喜歡收藏一些古董古玩之類的，後來，工作太忙，也就把這些「身外之物」置之一旁了。

李嘉誠用飯經常是一菜一湯，或者二菜一湯，飯後加一個水果。有時喜歡吃稀飯加鹹菜，或者咖啡、牛奶、麵包。在公司總部宴會廳宴請客人，通常連水果在內8道菜，碗是小號的碗，份量都是有控制的，沒有大魚大肉，只令客人吃到恰好份量，不致脹腹，也不致不夠，力求做到不浪費。

李嘉誠不抽煙也不飲酒，多年來極力避免去參加舞會，也不想去舞會。後來，朋友們知道他有這麼一個習慣，也就不再勉強他了。1992年4月30日上午，在汕頭大學學術交流樓的學術廳，面對參加座談會的許多教授和系主任、校長們，他心情因爲激動和興奮，先後有兩次說：「我平時是不喝酒的。待汕頭大學的改革開放試驗取得成績的那一天，我和大家一起喝酒。」並且還強調說：「不是喝一杯，而是兩杯、三杯！」

在公司裡，李嘉誠與職員一樣吃工作餐，他去巡察工地，工人吃的大眾盒飯，他也照樣吃得津津有味。李嘉誠不抽煙，不喝酒，也極少跳舞，唯一的嗜好，就是打打高爾夫球。

李嘉誠成家立業之後，仍然保持樸素艱苦的美德。他手上帶著的日本產的普通電子手錶，總要撥前10分鐘，以免誤事。有很長一段時間他堅持上夜校進修，提高文化知識水準，回家後仍憑藉著收音機靠「空中隱形教師」學習英語。他對有些年輕夥伴坐「的士」跑歌廳很有些不以爲然。在他成爲香港首富、進入世界超級富豪前列之後，艱苦奮鬥仍然是他的習慣。

擁有巨額財富的李嘉誠並沒有像人們想像的一樣，過著奢華的生活，而是依然像普通人一樣過著平凡的生活。這種平凡的生活雖然沒有以前的艱苦，但是也與他現在的身分地位很不相符。他的這種樸素的生活觀念，確保了他的事業長盛不衰。舉個簡單的例子來說，在香港山頂區買一幢豪宅就需耗資數億港元，一艘超豪華遊艇也需耗資數億元。試想，別的一切不計，單買幾幢豪宅、幾艘豪華遊艇，就可以使金山坍塌。

真正有眼界的成功商人都不會把錢用在窮奢極欲的生活上；相反，那些並不是非常成功的人，擁有一定的金錢後，大肆揮霍浪費，其結果往往是一敗塗地。成功的商人都過著低調普通的生活，我們從來沒有聽說過微軟總裁比爾•蓋茨開著價值上千萬的名車招搖過市。

在現實生活中，很多商人總是想通過生活上的富足展現自己的成功。一旦成功，創業時的艱辛就此拋在腦後，把賺來的錢統統用在奢華的生活上，生意很快就敗落。而那些成功的商人總是把錢用在該用的地方，爲事業的發展留足資金，不論發生什麼樣的困難，總是有足夠的資金來應對。

「創業難，守業更難」，難就難在擁有財富後，往往就忘記了艱苦。再多的財富也經不起揮霍浪費。如果不願意做一個暴發戶，就不要忘記艱苦二字。要記住「好鋼用在刀刃上」，把錢花在應該花的地方，保證成功能夠常伴左右。

3 節儉是商人的必修課

商人的成功不僅源於對金錢的佔有，還在於對金錢的合理使用。擁有大筆金錢並不代表就是成功，能夠將金錢合理分配，能夠保證長久地持續下去，才是真正的成功。李嘉誠說：「節儉是商人的必修課。生活中，衣服和鞋子是什麼牌子，我都不怎麼講究，我最注重的是磨煉自己抵制奢華生活的本領。」商人賺錢不能只是爲滿足自己的私欲，崇尚節儉，克制自己的欲望是成功商人必備的一種能力，這在一個人事業的成就上具有重要作用。

李嘉誠說：「錢可以用，但不可浪費。」他是華人首富，但是在他的身上我們卻無法找到任何浪費的痕跡。李嘉誠這種自制精神，爲他長久的成功奠定了基礎。

一個成功的商人，不僅在於他創造了多大財富，更在於他個人的道德操守。一個富豪有高尚的節儉美德，不會隨意浪費社會的資源，這才是更加難能可貴的地方。

真正的光輝，往往閃爍於常人的見識中；訣竅的靈光，也頻頻顯現於日常的生活裡。一個人要想在事業上取得成功，就務必戒奢克儉，節制欲望，只有有所棄，才能有所得。

在一般人的想像中，像李嘉誠這樣的一個「大人物」，起碼應該是高貴矜持，唯我獨尊的；也許應該是大腹便便，後面跟著一大把「保鏢」的；也許是渾身上下的穿著超級的名牌貨色；也許吃的大概也非「滿漢全席」不可了……其實，這些想像全都陷入世俗的

「誤區」了。

一位接觸過李嘉誠的人回憶說：「李嘉誠先生第一次光臨汕頭市，和廣東省、汕頭市的領導人一起參加選擇汕頭大學校址的時候，他穿著一套樸素、整潔、很得體的中山裝。雖然那時他52歲了，但身材適中、矯健，嘴角常現著一絲舒心的微笑，文質彬彬，風度高雅，顯得像一個風華正茂的書生或學者，使人覺得他很斯文、隨和，也很好親近。」

其實，李嘉誠現在也並不需要炫耀自己的什麼衣飾和身分了。李嘉誠就是李嘉誠，人們從沒有看到李嘉誠披金戴鑽的，穿的皮鞋很普通，當然要擦得很亮，這是禮儀。他出門帶的小皮箱，也簡單得很，洗刷用具、內衣睡衣還有必要的文件。他給人的整體形象是風度朗朗，樸實無華。他住的是30多年前在深水灣購下的那座別墅式樓房，裝飾並不豪華，在李嘉誠看來，創造財富的快感不是侈靡的生活所能代替的，而作爲一個商人，最重要的是利用財富去造福社會，而不是去塡飽自己的私欲。

其實，想想也不奇怪，李嘉誠早已經功成名就，根本不需要炫耀什麼衣飾和身分了。他的成功和聲望，來自於每一次的作爲，以及榮耀背後那一份淡定。

李嘉誠的財富並不是單靠節儉積攢而來的，但是他的節儉作風，無疑是長江實業迎來一個又一個輝煌的重要原因。

商人是與錢在打交道，也就是在跟欲望打交道，想要成功，就必須克制住自己的欲望。懂得節儉，不注重外在形式，不以奢華的生活彰顯自己的成功，能夠做富而不奢的商人，就是能克制自己欲望的商人，就會成爲成功的商人。

第22堂課

年輕人要在學習中成長

成功永遠是留給有準備的人，只有自己擁有足夠的能力，機會才會來扣你的門。李嘉誠是一個喜歡讀書的人，早年因為家庭原因而放棄讀書，但是他從來沒有間斷過自學，憑藉著頑強毅力，不斷充實自己，從而在眾人中脫穎而出。成功後的李嘉誠依然堅持學習，接觸最新的知識，這使得他沒有固步自封，而是不斷創新，他的生意因此得以向更寬廣的領域發展。

1 我一輩子都努力自修

「書到用時方恨少」，當機會來臨而我們卻沒有知識的時候，再後悔就已經晚了。李嘉誠說過：「我沒有上學的機會，一輩子都努力自修」。知識是無窮無盡的，只有不斷地學習，才能充實自己，增加自己的見聞。「活到老，學到老」這句話，在李嘉誠的身上得到了充分的驗證。

李嘉誠14歲就輟學，開始工作，直到現在他都沒有機會進過學校求學。但是他依然擁有淵博的學識，卓越的才智，這些與他努力地自修有重要的關係。可以說，李嘉誠的成功就是建立在他不斷學習上的。

李嘉誠對自己14歲之前的求學、求知經歷，曾有過這樣的感歎：「少年時期學到的知識彌足珍貴，它令我終身受益。」李嘉誠出生在一個書香世家。家學淵源對少年李嘉誠的影響是深刻而久遠的，李嘉誠的許多優秀品德就是在這深厚的家學中得到了培養。李嘉誠3歲就能詠《三字經》《千家詩》等詩文，正是幼童時代的啓蒙讀物，使李嘉誠接受了中國傳統文化的薰陶。李嘉誠5歲入小學念書，年幼的李嘉誠並不滿足於先生教授的詩文，極強的求知欲帶領他展開了更爲廣泛的閱讀，尤其對那些千古流傳的愛國詩篇，他更是沉醉其間，這在李嘉誠年少的心裡，深深埋下民族文化和民族精神的根基。李家的祖宅有一間珍藏圖書的藏書閣，李嘉誠每天放學回家，便泡在這間藏書閣裡，孜孜不倦地閱讀詩文，由此他被表兄弟們稱爲「書蟲」。年少的李嘉誠讀書非常刻苦自覺，經常點燈夜讀。

由於戰亂的影響，李嘉誠一家不得不舉家前往香港避難。因生活所迫，14歲的李嘉誠不得不來到茶樓打工。茶樓的工作，每天要做15個小時，這對年幼的李嘉誠來說是非常辛苦的。但是，李嘉誠在這種情況下，依然沒有忘記學習。工作回到家後，他還要就著油燈苦讀到深夜。由於學習太用心，他經常會忘記時間，以至於想到要睡覺的時候，已到了上班的時間。他的同事們閒暇之餘聚在一起打麻將，李嘉誠卻捧著一本《辭海》在啃，時間長了，厚厚的一本《辭海》被翻得發了黑。

後來，李嘉誠在中南公司做學徒，這時，李嘉誠給自己定下了新的目標——利用工餘時間自學完中學課程。儘管李嘉誠有十分強烈的求知欲望，但卻爲沒有教材而發愁。因爲他的工資微薄，既要維持家用還要供養弟妹上學，根本沒有多少多餘的錢用來買教材，李嘉誠只能買舊教材。當李嘉誠回首這段往事時這樣說：「先父去世時，我不到15歲，面對嚴酷的現實，我不得不去工作，忍痛中止學業。那時我太想讀書了，可家裡是那樣的窮，我只能買舊書自學。我的小智慧是環境逼出來的。我花一點點錢，就可買來半新的舊教材，學完了又賣給舊書店，再買新的舊教材。就這樣，我既學到知識，又省了錢，一舉兩得。」

有記者問李嘉誠：「今天你擁有如此巨大的商業王國，靠的是什麼？」李嘉誠回答：「依靠知識。」有人問李嘉誠：「李先生，你成功靠什麼？」李嘉誠毫不猶豫地回答：「靠學習，不斷地學習。」是的，「不斷地學習」就是李嘉誠取得巨大成功的奧秘。

在60多年的從商生涯中，李嘉誠一如既往地保持著旺盛的求知欲望。他每天晚上睡覺前，都要看半個小時的書或雜誌，學習知識、瞭解行情、掌握資訊。他說，讀書不僅是樂趣，而且令人啓迪心智，刺激思考。據他自己講，文、史、哲、科技、經濟方面的書他都讀，但不讀小說。他不看娛樂新聞，認爲這樣可以節省時間。他在回憶過去時這樣說過：「年輕時我表面謙虛，其實內心很『驕傲』。爲什麼驕傲？因爲我在孜孜不倦地追求著新的東西，每天都在進步，這樣離我的目標就不遠了，現在僅有一點學問是不行的，要多學知識，多學新的知識。」

知識永遠是屬於自己的，只要學到手，就不會消失，不斷地學習新知識，是不斷豐富自己、提升自己的重要方法。當機會來臨，知識得以運用，財富就會隨之而來，源源不斷的知識是財富不竭的源泉。

2 我從不間斷讀新知識

時代在發展，新科技、新發明不斷湧現，知識正在以前所未有的速度更新，如果我們不能隨著時代的步伐，不斷地更新自己的知識結構，拓寬自己的知識面，終將會被時代所拋棄。

做什麼樣的生意最賺錢？自然是最新的生意，新生意就來源於新知識。比爾・蓋茨能夠成功，就是因爲他率先瞭解到電腦的知識，第一個投入了PC機的生產，所以取得了巨大的成功。華人首富李嘉誠說過：「我從不間斷讀新科技、新知識的書籍，不致因爲不瞭解新訊息而和時代潮流脫節。」這也是他的生意能夠越做越大的重要原因。

李嘉誠創造了一個新詞「搶學問」，這反映了他作爲企業家幾十年來不屈不撓追求知識、創造財富的艱辛歷程。李嘉誠曾這樣形容過自己：**「人家是求學，我是在搶學問。」**他認爲，善於「搶學問」，就是在搶財富，搶未來。

李嘉誠說：「一個人只有不斷填充新知識，才能適應日新月異的現代社會，不然你就會被那些擁有新知識的人所超越。」李嘉誠一生勤奮學習，博覽群書，留意新科技、新發明。靠著知識引導自己前行的道路，敢於向新的領域發出挑戰，在挑戰中獲得財富。李嘉誠從一個一文不名的學徒到「塑膠花大王」，從地產的大亨到股市的大腕，從商界的超人到知識經濟的巨擘，從行業的至尊到現代高科技的急先鋒……李嘉誠一路走來，幾乎都能占得先機，獲得巨大的財富。

李嘉誠是一個非常留意新科技、新發明的人。在五金廠當推銷員的時候，李嘉誠就將眼光瞄上了朝陽產業——塑膠。爲了獲取相關的知識，李嘉誠離開了五金廠，投入到一個小小的塑膠廠。在塑膠廠，李嘉誠對塑膠產業有了相關的瞭解後，開辦了屬於自己的塑膠廠——長江塑膠廠。

後來發現塑膠花在香港還是一片空白，李嘉誠斷定，一旦塑膠花在香港上市，必將能夠引起塑膠產業的一次革新。於是，他在一無資金、二無技術、三無人才的窘境下，隻身一人飛赴義大利求師學藝。靠著堅忍不拔的毅力、吃苦耐勞的精神、好學求索的智慧和精明能幹的膽識，李嘉誠學到了塑膠花生產技藝，不久便滿載而歸。將塑膠花帶到香港的李嘉誠果然引起了香港塑膠產業的革新，香港進入一個塑膠花的黃金時代，而他自己也贏得了「塑膠花大王」的稱號。

李嘉誠一次次把握住獲取財富的機遇，看似得到了幸運之神的眷顧，事實上，在其背後，莫不是對新知識孜孜不倦地追求。正如李嘉誠自己所說：「我們身處瞬息萬變的社會中，全球邁向一體化，科技不斷創新，先進的資訊系統製造新的財富、新的經濟週期、生活及社會。我們必須掌握這些轉變，應該求知、求創新，加強能力，在穩健的基礎上力求發展，居安思危。無論發展得多好，你時刻都要做好準備。財富源自知識，知識才是個人最寶貴的資產。」

李嘉誠堅信：「今天的商場要以知識取勝，只有通過勤奮的學習才能通往人生新天地。」現在的李嘉誠已經擁有足夠他幾輩子用的財富，但是，他依然沒有養老退休的打算。他仍在不斷地學習、繼續工作。他說：「不讀書，不掌握新知識，不提高自己的知識資產照樣可以靠吃『老本』瀟瀟灑灑地過日子，是舊時代不少靠某種『機遇』發財致富的生意人的心態，如今已經不可取了。」

3 學無止境，不滿於現狀

在當今時代，學習成為一個主流思潮。想要在競爭中獲勝，贏得比別人更多的財富，就需要不斷地學習。在我們的周圍也充斥著很多不斷學習的人，他們在工作之餘，依然努力地進修。李嘉誠說：「同事們去玩的時候，我去求學問；他們每天保持原狀，而我的學問日漸提高。」李嘉誠能夠在眾人中脫穎而出，靠的就是自強不息的學習精神。

荀子說，「天行健，君子以自強不息」，一個人要想有成就，必須有自強不息的精神。我們每個人的出身都是不同的，也許我們的起點比別人低很多，然而這並不代表我們的終點也會比別人低。自強不息的學習精神會讓我們後來居上。

當年李嘉誠比我們每一個人所處的地位都要低，既沒有學歷，又沒有顯赫的背景，只能從一個小小的茶樓夥計做起，但是李嘉誠並不甘於平庸，他沒有像他的同事一樣，上班下班重複著簡單的生活，而是發憤圖強，用更多的時間來學習知識，提高自己。那些按部就班的同事，依然是默默無聞，而李嘉誠卻成爲同輩中的佼佼者。

靠著這種精神，李嘉誠不論在哪一個行業都能比其他人做得更優秀，一次次地脫穎而出，一次次向更高的地方邁進。不斷學習使李嘉誠擁有了遠見卓識，率先掌握市場發展動向，在一次次競爭中取得勝利，最終有了今天的成就。

現代社會，知識更新的速度，比之李嘉誠那個時代更是迅速。如果我們不能不斷學習，終將會被時代所拋棄，淪爲失敗者。

想要在競爭中獲勝，就要比別人多付出一點，多努力一分。就像李嘉誠說的一樣，在別人休息或者是玩的時候，我們仍然在學習，就會比別人多學到一點知識。日積月累下來，我們就會擁有更多的知識，爲自己的競爭勝利增加砝碼。

「學習如逆水行舟，不進則退」，現代社會競爭激烈，每一個人都在卯足了勁往前走，只要你稍有鬆懈，就會落於人後。如果我們不能每天都比別人多學一點知識，那麼我們的競爭力就會下降。雖然我們不會因爲不學習而丟失什麼，但是相對於別人的進步來說，我們就是在退步。所以，我們必須努力，在別人玩的時候，依然努力。別人沒有進步時，我們在向前進；別人進步時，我們大踏步向前進，始終保持先人一步，就能先人一步取得財富。

財富的獲得，需要一步步地來，我們也許在一個很低的起點，財富對於我們來說很遙遠，似乎根本就看不到取得財富的可能。看不見並不代表不可能。李嘉誠在茶樓做夥計的時候，誰能預料到他能擁有今天這樣巨額的財富？只要我們每天都比我們周圍的人進步一點，我們就能在同輩中脫穎而出，就能向更高的地方邁進。這樣一點點向更高的領域拓展，終有一天，我們能夠像李嘉誠一樣，走上最高層，贏得財富。

4 不積跬步，難以致千里

李嘉誠說：「科技世界深如海，正如曾國藩所說的，必須有智、有識，當你懂得一門技藝，並引以為榮，便愈知道深如海，而我根本未到深如海的境界，**我只知道別人走快我們幾十年，我們現在才起步追，有很多東西要學習。**」學習是無止境的，知識更是浩如煙海，我們所能掌握僅僅是滄海一粟罷了。所以，學習決不能自我滿足。

在經濟全球化的今天，想要出人頭地，在經濟大潮中取得豐碩的成果，必須把眼光瞄向全球。受政治環境的影響，我們已經落後西方很多年，現在的我們正是奮起直追的時候，這幾十年的知識差距，要我們在很短的時間內補齊，對我們來說，這是一個巨大的挑戰。所以我們不能滿足，不要以為自己已經擁有淵博的知識，已經不再需要學習。其實，我們需要學習的東西有很多。

現在總是強調「知識創新」，就是要擁有具有自主智慧財產權的東西，而大多數的科技發明都來源於西方，我國擁有自主智慧財產權的東西很少。所以，我們總是淪為別人的生產工具，我們做的都是最基本的一線生產工作，付出大量的勞動，只能獲得很少的收益。財富源源不斷地湧向西方國家。

以勞動力來積聚財富是最慢的，新知識、新科技帶來的收益才是無法估量的。所以，我們應該積極主動地學習先進的知識，將眼光放長遠，拓寬視野，以新知識帶動生產力的發展，以取得最大的效益。

正是因為別人已經在很早就起步，他們掌握最新的知識，所以我們要加倍努力，學習更多的知識，一步步地趕上並超過他們，實現全球競爭力的增長，在全球化時代，以新知識贏得競爭的勝利。

李嘉誠就是一個不斷學習的人，他不僅鑽研中國傳統文化知識，還對西方先進的科技知識進行研究，李嘉誠的投資一直都是在最前沿的領域，所以，一直都能最早開發市場，取得勝利，獲得高額回報。

2000年5月底，和記黃埔與日本電訊電報公司及荷蘭電訊公司達成戰略性的合作協定，和記黃埔獲得英國3G（第三代行動電話）牌照的子公司分別向二者出售20%和15%的權益，三家公司共同經營英國的3G移動通訊網路。在歐洲市場，和記黃埔與日本電訊電報公司、荷蘭電訊組成三方聯盟，參加德國的3G競標。但是，三方聯盟將要拿到3G的牌照時，和記黃埔卻退出了角逐。原來，李嘉誠是另有目標，他的目標是想取得歐洲其他國家的3G牌照。

2000年10月，和記黃埔以20億美元取得了義大利的3G牌照。

2000年11月及12月，和記黃埔取得了奧地利與瑞典的3G牌照。

不久，和記黃埔還取得了香港及以色列的3G牌照。

幾年來，李嘉誠領導的和記黃埔在3G業務上投入血本，僅競投牌照就花費了102億美元，網路建設投資則超過270億美元。截至2006年，和黃在全球持有10個市場的3G牌照，其中包括澳大利亞、奧地利、丹麥、中國香港、愛爾蘭、義大利、以色列、挪威、瑞典及英國，網路覆蓋人口約1.75億。

李嘉誠父子並不滿足已經取得的戰績，他們將目光轉向了最大的市場——中國內地市場和中國香港兩地的互聯網市場。

曾經有人對李嘉誠投鉅資打造3G的策略持懷疑態度，認爲其此次冒險難以再次創造「神話」。而身兼長實、和黃兩大上市公司主席的李嘉誠則明確表示，3G的賣點是，它集人類兩大消費技術於一身，擁有行動電話加上網服務的優點，和黃投資3G並非賭博。

一直不甘落於人後的李嘉誠，無時無刻不在注意國際市場的新變化，以新知識和信科技爲依託，李嘉誠的事業越做越大。率先投資3G業務讓李嘉誠又一次搶先佔領市場。

現代社會，財富在全球流動，過時的知識已經不足以讓人們在激烈的競爭中獲得財富，只有不斷學習先進的知識，永不滿足，不斷向新的領域進發，才能在未來的競爭中取得財富。

第23堂課

加強將知識轉化為財富的能力

知識就是財富這句話不知道喊了多少年，但是很多人還是沒有能夠將知識轉化為財富，原因就在於這些人只知讀書，卻不知如何將所學到的知識轉化為財富。李嘉誠是一個懂得將知識轉化為財富的人，他能夠把他所學到的知識充分利用起來，化為無窮的財富。李嘉誠對知識有深刻的瞭解，他知道自己需要什麼樣的知識，知道這些知識的作用，因而李嘉誠成功了。

1 知識比資金更重要

任何一個行業和領域都有自己的專業知識，不具備這方面的知識就貿然地進行投資，必然會失敗。相反，擁有知識，卻缺乏資金，只要肯努力，也是有可能做出成績的。

李嘉誠在開辦長江塑膠廠的時候，也沒有多少資金，但是他對塑膠產業有足夠的瞭解。他以最少的資金，租了一個破舊的廠房，開辦了屬於自己的塑膠廠。塑膠廠剛剛建立時，整個工廠就只有他一個真正瞭解塑膠的人，所以，一切都要由他來處理，如拉業務、對新員工進行培訓，甚至做出納會計等。就這樣，李嘉誠在塑膠產業打開了局面，取得了成功。擁有知識和肯付出，讓李嘉誠在資金短缺的情況下，依然獲得了成功。

資金只是創業的一個方面，並不是全部。沒有資金進行創業的確是天方夜譚，但是有資金沒有知識創業則是四處亂撞，肯定會到處碰壁。知識才是決定創業能否成功的一個重要因素。我們一定要具備將知識轉化爲財富的能力，以絕對的知識優勢彌補資金不足帶來的影響。

微軟公司的創始人比爾・蓋茨創業之時也只是一個大學生，並沒有多少資金，他也是靠著在電腦方面的知識取得了成功。1975年1月份的《大眾電子學》雜誌，封面上Altair8080型電腦的圖片一下子點燃了保羅・艾倫及好友比爾・蓋茨的電腦夢。

這台微型電腦是世界上最早的電腦，標誌著電腦新時代的開端。這台基於8008微處理器的小機器，是由一個名叫埃德・羅伯茨的人研發的。這個人當時在經營自己MITS公司，由於公司陷入困境，他在情急之下就發明了這台電腦。

當時還在哈佛上學的蓋茨看到了商機，他打電話表示要給Altair研製Basic語言，將信將疑的羅伯茨答應了他的請求。結果蓋茨和艾倫在哈佛阿肯電腦中心沒日沒夜地幹了8周，爲8008配上Basic語言，此前從未有人爲微機編過Basic程式，蓋茨和艾倫開闢了PC軟體業的新路，奠定了軟體標準化生產的基礎。

1975年2月，大功告成，艾倫親赴MITS演示，十分成功。這年春天，艾倫進入MITS，擔任軟體部經理。念完大學二年級課程，蓋茨也飛往MITS，加入艾倫從事的工作。那時他們已有創業的念頭，但要等到Basic被廣大用戶接受，此前他們是不會離開羅伯茨的，他們有待羽翼漸豐。

1975年，微軟公司誕生，但當時微軟與MITS之間的關係十分模糊，確切地說，微軟「寄生」於MITS之上。1975年7月下旬，他們與羅伯茨簽署了協定。期限10年，允許MITS在全世界範圍內使用和轉讓Basic及原始程式碼，包括協力廠商。根據協定，蓋茨他們最多可獲利18萬美元。羅伯茨在全國展開了聲勢浩大的宣傳，生意蒸蒸日上。借助Altair的風行，Basic語言也推廣開來，同時微軟又贏得了GE和NCE這兩個大客戶。蓋茨和他的公司聲名大振，也贏得了豐厚的回報。

蓋茨正是靠著在電腦方面的技術，賺得了第一桶創業資金，沒有資金的蓋茨以知識換取資金，開創事業，再依靠知識不斷地壯大事業，一步步地走向成功，一度成爲世界首富。

這就是知識的力量，世界上白手起家創業成功的企業家數不勝數，他們一開始雖然沒有任何資金，但是他們卻具備那些有資金的人所沒有的知識，通過交換，以知識換取了創業的資金，最終依靠知識取得了巨額財富。

在當今社會經濟條件下，知識的重要性更是突出。想要創業，就先確定方向，不斷豐富自己的知識，在擁有知識的基礎上進行創業，才有可能取得成功，獲取財富。

2 社會是一本大書

李嘉誠說：**「知識不僅指課本的內容，還包括社會經驗、文明文化、時代精神等整體要素。」**知識結構本就不是那麼簡單，學習知識更不能過於死板，僅僅局限於書本上的知識，書本上交給我們的是技能性的知識，不能囊括所有。要在當今社會立足，並且獲取財富，還要有更多的知識來填充。

做生意需要的不僅僅是技能性的知識，更重要的是爲人處世的原則。這也是一個重要方面的內容，有了這個做指引，才可以在生意場上如魚得水，與人相處融洽，獲取更多財富。

李嘉誠在這一方面很有心得，他在生意場上多年的打拚，形成了自己做生意的一套原則。正是這個原則讓他的生意越來越好做。李嘉誠做生意最重要的一個原則就是「誠」，待人也好，做生意也罷，「誠」字讓李嘉誠勝出。

事實上，我們要學習的知識也遠不止這些。就像李嘉誠所說的一樣，社會經驗、文明程度和時代精神等都是需要學習的。這些知識都不像書本上的知識有一個完整的體系，從某一個專業角度來闡述。這些知識都是來源於生活，需要我們自己去總結的。

社會經驗是很重要的一塊，現在不管做什麼事情都講究經驗，經驗是社會經歷的一種昇華，將經歷進行客觀地總結就形成經驗。經驗讓我們做事情的時候少走彎路，更好更快地實現自己的目標。俗話說「薑還是老的辣」，經歷的事情多了，對很多事情就有了深刻的認識，再經歷同樣的事情時，就不會重蹈覆轍。李嘉誠在商場上打拚幾十年，一直都很注意經驗的總結，每一次生意結束之後，他都會進行總結這次生意的得與失，從而為下一次生意做好準備，在眾多經驗的指引下，李嘉誠做生意越來越少出現失誤。

李嘉誠開辦長江塑膠廠不久之後，就因為急功近利出現了一次大的危機，長江塑膠廠面臨前所未有的危機。雖然李嘉誠最終憑藉自己的「誠信」挽救了長江廠，但是李嘉誠一直對這件事情心有餘悸。事後，李嘉誠痛定思痛，給自己確定了「發展中不忘穩健，穩健中不忘發展」經營策略，這一策略對他以後幾次投資成功奠定了基礎。

文明程度不僅是個人的一種修養，更是整個社會的一種精神狀態。個人的文明程度很容易受到社會環境的影響。加強自身的修養也不是在書本上能夠學來的知識，必須在社會實踐中不斷培養。文明程度表現在個人身上就是個人素質。加強個人素質修養，可以說是人生重要的一課。一個有素質的人，在社會競爭中就具有很大的優勢。

李嘉誠就是一個很有素質的人，這體現在他的待人接物上。李嘉誠待人誠懇和善，熱心公益事業，扶危濟困，尊重他人，照顧他人利益。這些良好的品德讓他在生意場上贏得了巨大的勝利，同時獲得了人們的一致好評。在擁有財富的同時，李嘉誠也擁有了好名聲，成爲了成功企業家的典範。

所謂的時代精神，就是一種與時俱進的思想。這種思想是生意人必備的。生意人就是要眼界開闊，敢於向新的領域拓展。一個思想守舊，抱殘守缺的生意人，永遠不可能取得成功。時代在變化發展，做生意的領域和方式方法也必然要隨之改變，能夠跟得上時代發展步伐的商人，才能在時代進程中擁有財富。

李嘉誠現在的事業是從長江塑膠廠發展起來的，如果沒有與時俱進的思想，李嘉誠的生意早就隨著塑膠產業的沒落而慘敗了。在投資生涯中，李嘉誠的眼光始終都是朝著前方的，總是能夠在別人未發現之前找到商機，從中獲利。現在李嘉誠雖然已經很大年齡，但是這種精神仍然沒有消失。向先進科技領域投資成了李嘉誠的一個投資理念。

專業化知識是人的技能培養。促進人整體發展的知識卻是在書本上很難學到的知識，而這些知識正是使書本知識得以最大限度利用的知識。沒有這些知識作支撐，書本知識就會無用武之地，知識就很難轉化爲財富。所以，學習知識，一定不能只局限於書本，更多的知識，要在社會生活中進行總結。

3 企業做大做強的基礎

商人自古就有，而現代商業活動與古代商業活動卻有著很大的差別。古代商業活動很簡單，就是低價買進，高價賣出，從中獲取差價，這只需要商人有精明的頭腦，會算計就行了；而現代商業活動，由於社會分工的日益細密化，越來越呈現出專業性，僅僅依靠精明的計算，已經不能滿足商業發展的需求。李嘉誠說：「從前經商，只要有些計謀，現在的企業家，還必須要有相當豐富的知識資產。」

商人本身就必須是自己所從事行業的專業人才，才能帶領員工將生意做好。不是有那麼句話嗎，「外行不能領導內行」，一個對所從事的事業一竅不通的人，如何能在商業活動中做出正確的決策？比如說，一個人做的是IT行業，而他自己對此卻一竅不通。重大決策又需要他來點頭，他就只能憑藉主觀的判斷進行決策，這種決策就帶有盲目性，很容易招致生意的失敗。

李嘉誠在創業的時候，就非常注意知識的累積。早在他做推銷員的時候，他就看好塑膠產業，而他也早就有創業的打算。但是他並沒有著急就去創業，而是跳槽到一家塑膠廠做推銷員，經過一段時間，他已經掌握了塑膠產品的生產工藝和整個產業運作的流程。這個時候，他提出辭職，開始創辦了自己的長江塑膠廠，雖然規模不大，也沒有專業人才，但是李嘉誠自己卻是這方面的行家，他帶領著自己的廠子一步步地壯大。

真正的大企業家一定是一個有知識的人，而且還是一個懂得儲備知識資產的人。個人的力量永遠都是渺小的，必須借助他人的力量，才能真正把生意做大。一個企業家生意做大以後，就會涉及很多產業。這個時候，企業家本身不可能對每一個產業都瞭若指掌，只能有個大致的瞭解。這個時候，就需要招攬相關的專業人才，代替自己打理生意。

真正的大企業家，非常注重人才的培養與儲備，他們會在生意還沒有做大之前就根據自己將來的需求，培養相關的人才，等到需要的時候，才不至於手忙腳亂。把生意做大的企業家一定是懂得培養人才的人。

李嘉誠就是非常注意人才的挖掘與培養。李嘉誠不是一個容易滿足的商人，他從來不對自己的生意設限，所以他的生意所涉及的門類非常廣泛。靠他一個人來經營，一定不能完成這麼多的生意。在李嘉誠的公司裡有一個精英團隊，這個團隊裡有各方面的專業人才，只要是李嘉誠需要，這些人就能夠給他提供幫助。李嘉誠只需要具有指揮這個團隊的能力，就可以讓自己的生意蒸蒸日上。現在李嘉誠的生意涉及了50多個產業，依然能夠正常平穩運行，不得不歸功於他的慧眼識英才。

4 結合書本知識和實際工作

知識是一種理論，並不能爲我們帶來實際的利益，只有當知識用於實踐的時候，才會顯現出巨大的作用。一個成功的商人不僅要學會積累知識，更應該學會運用知識，通過實踐發揮知識在生意中的巨大作用，將知識真正轉化爲財富。李嘉誠說：**「能將書本知識和實際工作結合起來，才是最好的。」**

做生意本就是一個實踐的過程，尤其是在創業初期，沒有人才的支持，不能借助他人的力量，這個時候，發揮個人的聰明才智就顯得尤爲重要。將自己所學到的知識與自己的事業結合起來，才更容易取得成功。

如果我們本來已經擁有在某一方面足夠多的知識，到頭來卻去從事一個自己從來沒有接觸過的行業，一切知識都要從頭學起，這樣，既浪費時間，又不容易成功。

李嘉誠就是一個懂得將知識用於實踐的人。李嘉誠由於家庭原因，很快便輟學出去打工。在李嘉誠打工的歲月裡，積攢了很多的知識，這些知識都是關於生意的。特別是在做推銷員的時候，李嘉誠學會了待人處世，推銷策略，這些無不和做生意息息相關，於是李嘉誠選擇了自主創業。在經商的過程中，李嘉誠把做銷售員所獲得的知識充分用於生意中，他的生意因此而日漸壯大，越來越好。

擁有大量知識的人，就像是一個擁有億萬家財的富翁，需要做的就是學會如何使用這億萬家財，使用得當，就能取得豐厚的回報；使用不當，只會一輩子碌碌無爲。當我們開始自己事業的時候，一定要充分地利用自己的知識，將知識與實踐活動結合起來創造出更好的條件。

比爾・蓋茨曾說：「做自己最擅長的事。」當初，擅長程式設計技術和法律經驗的比爾・蓋茨和艾倫合夥創立了微軟公司，他們以自己的長處奠定了自己在這個產業的堅實基礎。直到現在，他們也不改初衷，「頑固」地在自己的位置——軟體領域耕耘，而從不涉足其他任何一個賺錢的領域，也正因爲此才有了今天的成就。

第24堂課

人生還有比賺錢更重要的東西

擁有巨額財富並不意味著擁有成功人生，財富只是人生成功的一部分，人們只是為了讓生活更幸福、更美好才去賺錢的。人生有很多東西比賺錢更重要，李嘉誠說：「一個人除了賺錢滿足自己的成就感外，就是為了讓自己生活更好一點，如果只顧賺錢，賠上自己的健康，那是很不值得的。」人們應該努力賺錢，但是不應該一門心思花在賺錢上，而忽略了生活的應有之義。

1 把健康放在第一位

有人說，「現代人的生活就是30歲之前拿命換錢，30歲之後拿錢換命」，雖然有點言過其實，但是也是一個普遍的現象。很多人一生茫茫碌碌就是爲了多賺一點錢，卻忽略了賺錢的目的，賺錢最初的目的就是讓自己生活得更好，提高自己的生活品質，但是，一旦陷進賺錢的怪圈之後，就把這個最初的目的淡忘了，一心一意地賺錢，甚至犧牲了自己的健康。李嘉誠說：**「一個人除了賺錢滿足自己的成就感之外，就是為了讓自己生活得更好一點，如果只顧賺錢，並賠上自己的健康，那是很不值得的。」**

拿自己的健康來換取金錢是最不明智的選擇，是本末倒置的做法。「身體是革命的本錢」維護身體的健康才是最重要的。在這個和平的年代，飛來橫禍畢竟是少的，使自己失去健康的最重要的因素就是自己不注意。不管你有多麼成功，有多少財富，如果以犧牲健康爲代價都是不值得的。人若賺得全世界，卻賠上自己的生命，又有什麼意義呢？

人並不是爲了金錢而活，人活著最大的目的就是享受生活。爲了賺錢而拖著一個不健康的身體生活是愚蠢的行爲。想要在事業上取得成功，首先就要保證自己擁有一個健康的身體。然而，很多生意人卻忘記了這個最基本的道理。

賺錢的機會多得是，只要保證自己擁有健康的身體，總是會有賺錢的機會。俗話說，「病來如山倒」，平時不注意保護自己，等到有所知覺的時候，已經晚了。就是把你奮鬥多年換來的成果統統拿來交換，也不能換回一個健康的身體。李嘉誠作爲成功商人的典範，對於健康有自己的看法。

他曾經向外界透露自己的健康心得便是，規律化的生活，不吸煙不喝酒，每天早上6時起床，並保持一個半小時的運動，其中包括打高爾夫球、游水及跑步，且從不間斷。他表示最緊要有恒心，就算家裡很狹窄亦可以做運動，不運動只是懶惰的藉口。至於飲食，他則表示一切以清淡爲主，最喜歡青菜白飯而少吃肉，就吃食魚，都是吃魚仔，最便宜的地種，即港人俗稱的「貓魚」，大魚則不喜歡吃。這種好的生活習慣使李嘉誠在擁有巨額財富的同時，擁有健康的身體，他每年接受常規檢查時，結果顯示都是身體健康。

古人說：「文武之道，一張一弛。」在現代社會激烈競爭中，每一個人都承受著巨大的壓力，只要稍有鬆懈，就會被別人趕超，所以，人人都奮勇爭先，生怕被別人超過，因此，形成了一個又一個的「工作狂」。然而工作狂並不是成功的代表，真正成功的人反而是那些懂得勞逸結合，在忙碌的工作中，依然適時注意保養自己的人。「工作狂」也許會有一段輝煌的時刻，但是卻在關鍵時刻，身體垮掉，所有的努力都在那一刻化爲烏有。

健康才是人生最大的財富。在市場競爭日益激烈的今天，人們一味追求金錢，忘記對健康的維護和投資，這其實是不划算的。身體是生命的本錢，是財富的源泉，擁有健康的身體，何愁沒有賺錢的機會。商人首要的目標是賺錢獲利，但是商人首先是人，追求健康的身體才是人最重要的追求。

商人的生活和普通人的生活是不太一樣的。商人面臨更多破壞身體健康的因素，例如，商人會有比旁人更多的應酬，生意做得越大，應酬只怕就越多。現代商場，生意都是在酒桌上談成的。所以，商人就更應該保護自己的健康。儘量避開過度的物質上的享受，節制自己的欲望，注意鍛煉身體。要知道，商人要依靠良好的身體去賺錢，以賺來的錢養好一個健康的身體，再用一個好身體去賺更多的錢，形成這樣的一個良性循環，才是上策。

「人生最痛苦的事情，就是人死了，錢沒花了。」這可以作爲商人們的座右銘。

名和利都是身外之物，多一點少一點都無傷大雅，但是身體的健康卻與生活有著最緊密的聯繫。身體是自己的，沒有一個健康的身體，擁有再多的財富也是毫無意義的。

2 不會休息的人就不會工作

不知誰說過：「不會休息的人就不會工作。」只知埋頭苦幹，不知休息的人，最終會被自己打垮。李嘉誠說：「儘量擠出時間使自己得到良好的休息。只有得到良好的休息，才會有充沛、旺盛的精力去面對突如其來發生的各種事情。商場瞬息萬變，經常要面臨很多突發事件，沒有旺盛的精力，如何能夠化解危機、平安順利度過呢？

很多生意人總是以忙爲藉口，拒絕休息。在他們的眼裡，休息就是浪費時間，降低工作效率，但是李嘉誠不這麼認爲。無論有多忙，李嘉誠總是會保證休息的時間充足。這種觀念讓他在任何時候都能擁有旺盛的精力，任何困難在他面前都不能逞威風。他一次次從容地化解商場中的危機，取得越來越大的成功。

但凡成功的人都是懂得休息的人。戴爾·卡內基有一句名言：**休息並不是浪費生命，它能夠讓你在清醒的時候做更多有效率的事。**如果覺得疲倦了仍不停手地硬撐著幹下去，死命地硬撐著，實在是非常愚蠢。在疲憊的狀態下依然不知休息，只會讓自己失去精神，在需要你擁有旺盛精力時候，反而拿不出，這才是真正的浪費時間。反之，如果你能夠在疲憊的時候，稍微放鬆休息一小會兒，則能讓你精力充沛，思路清晰，在需要的時候，保持旺盛的精力，以最快的速度處理完應該處理的事情，這才是合理利用時間。

傑克·查納克是全好萊塢最有名的大導演之一，他精力充沛，從不知疲倦。但是傑克在米高梅公司短片部任經理的時候，卻常常感到精疲力竭，爲了改變這種狀況，他什麼方法都用過了，喝礦泉水，吃營養餐，吃維生素和其他補藥，但都無濟於事。後來，卡內基建議他每天充分利用一切時間休息，比如當他在辦公室和屬下談話或開會的時候可以躺下來休息等。

兩年後，傑克再見到卡內基時，連連稱讚卡內基的這個方法極好。他說：「真是個奇蹟，以前每次和屬下談短片製作的時候，我總是僵硬地坐在椅子上，整個人高度緊張，而現在我躺在大沙發上開會，覺得比這幾十年來的任何一天都好。即使每天多工作兩個小時，也毫無倦意。」

美國石油大王約翰·洛克菲勒可以說是最成功的商人，可以稱爲世界商人的典範。他不僅擁有當時世界首屈一指的財富，同時擁有98歲的壽命。洛克菲勒之所以能夠長壽，除了家族遺傳因素以外（他家族的人都很長壽），就是他的休息習慣，他每天中午在辦公室睡半小時午覺，這時哪怕是美國總統打來的電話他也不接。

工作與休息並不衝突，兩者息息相關。如果不能好好地處理這兩者的關係，則會危害健康。現代社會，很多人都會陷入這樣的一個情況，那就是工作時間擠佔休息時間，危害了自己的健康，進而影響到工作。生意人尤其會犯這樣的錯誤。爲了做好生意，這些人往往不分晝夜地工作，像機器一樣不知疲倦，給自己的健康埋下了隱患。

在《爲什麼會疲倦》一書中，丹尼爾何西林寫道：**「休息並不是絕對地什麼都不做，休息就是修補。」**在短短的一點休息時間裡，就能有很強的恢復能力，即使只打5分鐘的瞌睡，也有助於防止疲勞。棒球名將康里・馬克說，每次參賽之前，如果不睡個午覺的話，他到第五局就會感到筋疲力盡了。可是，如果他睡午覺的話，那怕只睡5分鐘，也能夠賽完全場，而且，一點也不感到疲勞。

生意人也不是不知疲倦的機器，任何人都需要良好的休息。休息並不是浪費時間，無論有多忙，儘量抽出時間來休息，以修補工作給自己帶來的疲勞，維持自己旺盛的精力，以便繼續開展工作，良好的身體狀態是應對各種危機最根本的保障。

3 賺錢不是人生最重要的事

李嘉誠說：**「有金錢之外的思想，保留一點自己值得自傲的地方，人生活得會更加有意義。」**做生意就是爲了賺錢，然而賺錢卻不是人生最重要的事情，也不是最終的目的。錢是讓人生活更好的工具。做生意做大了，擁有了花不完的錢，就應該尋找一下人生的意義。一個成功的人，不僅僅要有巨額的財富，還應該有值得自傲的地方。

李嘉誠有錢，這是一個不爭的事實。但是李嘉誠不因爲自己有錢而滿足，因爲錢對於他來說，並不能給他帶來他所追求的人生意義，**錢是讓他實現人生意義的一個工具。把錢用到該用的地方去，人生才有意義。**

與那些過著窮奢極欲生活的富豪不同，李嘉誠的生活很簡單，他並沒有把賺來的錢用來滿足自己的私欲，而是用來回饋社會，報答社會。李嘉誠不以擁有巨額的財富爲傲，而以把錢用在該用的地方爲傲。

1978年底，李嘉誠捐資500萬港元，在家鄉潮州興建9幢群眾公寓，建築面積1.25萬平方米，安排住戶250戶。後來，又陸續修建了5幢。

1980年間，李嘉誠捐資2200萬港元，用於興建潮安縣醫院和潮州市醫院。隨後，李嘉誠爲興建韓江大橋捐款450萬港元，名列募捐者榜首。

另外，李嘉誠還多次捐善款，資助家鄉有關部門設立醫療、體育、教育的研究與獎勵基金會，每筆數額10萬到150萬港元不等。

1984年，李嘉誠向中國殘疾人基金會捐贈100萬港元；1991年，他又捐出500萬港元，並表示從1992年至1996年間，陸續捐贈6000萬港元。

1987年，李嘉誠向中國孔子基金會捐款50萬港元，用於贊助儒學研究，該基金會在山東曲阜爲李嘉誠樹碑立傳。

1988年，李嘉誠給北京炎黃藝術館捐款100萬港元。同年，捐

200萬港元資助汕頭市興建潮汕體育館。

1989年，李嘉誠捐贈1000萬港元，支持北京舉辦第11屆亞洲運動會。

從1977年起，他先後給香港大學等幾家教育機構及基金會，捐款5400多萬港元。

1984年，他捐助3000萬港元，在威爾斯親王醫院興建一座李嘉誠專科診療所。

1987年，他捐贈5000萬港元，在跑馬地等地建立了3間老人院。

1988年，捐款1200萬港元興建兒童骨科醫院，並對香港腎臟基金、亞洲盲人基金、華東三院捐資共1億港元。

20世紀80年代至今，對香港社會福利和文化事業的幾十家機構捐善款逾1億港元。

李嘉誠在商業上的輝煌業績，以及在公益事業上的慷慨之舉，爲他贏得了無數的榮譽。中國領導人曾多次接見他，高度讚揚他爲中國作出的貢獻。

李嘉誠說：「『方寸之間，自有天地』，我認爲一生中做很多事，確是付出金錢、時間和心血去貢獻別人，這令我一生引以爲榮和自傲。」只有懂得施予，才能真正獲得。而「錦上添花」式的施予固然可以讓人稱道，但「雪中送炭」才能使世人銘刻在心。

2005年1月13日，李嘉誠宣佈將他個人投資超過30年的加拿大帝國商業銀行的近5%股權悉數出售，套現所得約78億港元，全數撥入其私人公益慈善基金會，以推動在全球的公益活動。

香港媒體指出，相信這是香港富豪歷來最大的一筆捐款。在此之前，估計李嘉誠在全球捐贈超過64億元，今年還會捐出10億元，以支持扶貧計畫。李嘉誠說：「很高興多年來作爲CIBC的投資者，其投資帶來理想回報，將可增加撥入公益用途的資產。」

李嘉誠在2005年年初捐出78億港元之後，又向香港大學捐出10億港元鉅資，成爲香港歷來最大筆的教育捐贈，相信也是亞洲歷來最大的教育捐獻。

李嘉誠事業上的成功爲他帶來了財富，他將這些財富用來幫助需要幫助的人，做慈善事業，從中收穫人生的意義。這是他與眾不同的一面。李嘉誠在扶貧、救災、教育和幫助殘疾人方面做出了巨大的貢獻。

人生的意義到底是什麼，根本沒有人能夠說得清，但絕對不是爲了賺錢。錢是生活的輔助，不可能成爲人生的中心。對於一個商人來說，賺錢有方是生意的成功，用錢有道才是人生的意義所在。

附錄1　李嘉誠的成就及榮譽

‧1979年與霍英東等人出任中國國際信託投資董事。

‧1981年，獲委任爲太平紳士。

‧1981年，獲選爲「香港風雲人物」。

‧1985年，出任基本法起草委員。

‧1986年，2月6日香港《信報》排出香港十大財團，長實系四家上市公司市值達343億港幣，名列榜首。

‧1986年，3月25日香港大學授予李嘉誠名譽法學博士。

‧1986年，被比利時國王封爲勳爵。

‧1986年，香港大學校監、港督尤德爵士授予李嘉誠名譽法學博士稱號。

‧1989年，1月1日獲英女皇頒發的CBE勳銜。

‧1989年，6月獲加拿大卡加里大學授予名譽法學博士學位。

‧1990年，12月15日港督衛弈信向李嘉誠頒發「商業成就獎」。

‧1992年，4月28日北京大學授予李嘉誠名譽博士稱號。

‧1992年，被聘爲港事顧問。

‧1994年，被評選爲1993年度香港商界「風雲人物」。

‧1994年，11月22日獲《亞洲週刊》頒發首屆「企業家成就獎」。

‧1995年，12月1日被（香港）「國際潮團聯誼會」推舉爲大會名譽主席。

‧1995年—1997年出任特區籌備委員會委員。

・1996年，第三期《資本》雜誌公佈香港華人富豪榜，長實系3家上市公司市值3250億港元，占全港上市公司總市值的13.7%，居華人財團榜首；個人資產600億港元，並列全港華人富豪第2名。

・1999年，《富士比》（Forbes）世界富豪排名榜中位列第10，是亞洲首富。

・1999年，4月被英國《泰晤時報》選爲千禧年企業家年獎大獎。

・1999年，5月被英文版的《亞洲週刊》，評選爲亞洲區50位最具權力人物之一。

・1999年，獲英國劍橋大學榮譽法學博士。

・2010年，《富士比》選出「全球最具影響力富豪」，李嘉誠位列第8。

・2010年，3月10日，李嘉誠以210億美元排在最新《富士比》排行榜上第14位。

榮譽博士學位

・1986年香港大學榮譽法學博士學位

・1989年加拿大卡加里大學榮譽法學博士學位

・1992年北京大學榮譽博士學位

・1995年香港科技大學榮譽社會科學博士學位

・1997年香港中文大學榮譽法學博士學位

・1998年香港城市大學榮譽社會科學博士學位

・1999年英國劍橋大學榮譽法學博士學位

・1999年香港公開大學榮譽社會科學博士學位

公職

- 1985—1990年香港特別行政區基本法起草委員會委員
- 1992—1997年港事顧問
- 1995—1997年香港特別行政區籌備委員會委員
- 1996年至今香港特別行政區選舉委員會委員
- 2006年至今英國國際商業顧問委員會委員

榮譽市民

先後獲得中國北京市、汕頭市、廣州市、深圳市、南海市、佛山市、珠海市、潮州市及加拿大溫伯尼市榮譽市民稱號。

附錄2 李嘉誠的公益事業

・1981年創立汕頭大學，至今對大學的投資已過31億港元（包括長江商學院）。

・1987年，他捐贈5000萬港元，在跑馬地等地建立3間老人院。

・1988年，捐款1200萬港元興建兒童骨科醫院，並對香港腎臟基金、亞洲盲人基金、東華三院捐資1億港元。

・1989年，捐贈1000萬港元，支持北京舉辦第11界亞洲運動會。

・1991年，李嘉誠向英國保守黨捐贈10萬英鎊作爲競選費用，引發英國兩大政黨爭議。2004年的印度洋大地震曾捐助300萬美元賑災。

・1997年，北京大學100年校慶期間，李嘉誠基金會向北京大學圖書館捐贈1000萬美元，支持新圖書館的建設。

・1999年，李嘉誠基金會捐款4000萬港元予香港公開大學，香港公開大學將設於信德中心的持續及社區教育中心命名爲李嘉誠專業進修學院。

・2002年李嘉誠海外基金建立長江商學院，是中國第一所也是唯一一所實行教授治校的商學院。2003年11月MBA第一批學員入校，MBA學員GMAT入學成績高居亞洲首位，現在已在北京、上海、廣州等地設立學校，目前是中國最著名的十大商學院之一，目標是用10年的時間進入世界十大商學院之列。

・2004年南亞海嘯，李嘉誠透過旗下的和記黃埔及李嘉誠基金會，共捐出300萬美元予受災人士。

・2005年5月，李嘉誠向香港大學醫學院捐出港幣10億元以資助醫科學生及醫學研究用，香港大學校長徐立之稱將重新命名香港大學醫學院為「香港大學李嘉誠醫學院」，並於2006年1月1日正式易名，此次轉名引起社會巨大爭議。

・2005年10月10日基金會與和記黃埔共捐出50萬美元予巴基斯坦地震災民。

・2005年11月，李嘉誠（加拿大）基金向加拿大多倫多聖米高醫院捐出2500萬元加幣（當時約1.6475億港元），興建以他命名的醫學教育大樓。大樓於2009年落成。

・2007年3月，李嘉誠向新加坡國立大學李光耀公共政策學院捐款1億新加坡幣（逾5億港元），創立教育及學術發展基金，設立教授席及40個碩士獎學金等，旨志在培育區內公共管理人才。這筆捐款一半由李嘉誠基金會捐出，其餘則由長江實業（集團）有限公司及和記黃埔有限公司分別捐出1/4。獲捐款的公共政策學院院長布巴尼表示，新增獎學金將惠澤中國大陸、中國香港、印度、越南、東南亞等國家及地區，新加坡學生亦可受惠。繼香港大學醫學院後，新加坡國大校園內一幢建築物，將其中一幢建築物命名為「李嘉誠大樓」。

・在新界粉嶺的東華三院李嘉誠中學，亦是以他命名的。校內不少設施的建設費用亦是由他捐贈的。其中包括學校在禮堂的冷氣系統和建造校舍新翼之費用。

・2008年5月19日，李嘉誠致函中央政府駐港聯絡辦公室主任高祀仁，再以李嘉誠基金會、長江集團、和記黃埔集團的名義捐款一億元人民幣，用於為災區學生設立特別教育基金。

・加上此前李嘉誠教育基金捐出的3000萬元人民幣，李嘉誠捐款已達1.3億元人民幣。

李嘉誠在信件中稱，自四川省發生重大震災以來，本人每日密切關注災情發展，並於災後立即以基金名義認捐3000萬元人民幣（未計集團名下其他公司之捐款），冀能盡一分之力。從過去一個星期以來報導所見，災區同胞情況之慘重，感同身受，不禁愴然。現再以基金會名義捐款4000萬元、長江集團及和記黃埔集團各3000萬元，合共一億元人民幣，捐款將獲教育部配套，用於為區內受災學生（包括大、中、小學）設立特別教育基金，使獲得資助生活費及學費以作日後繼續升學之用。

・2009年4月22日，李嘉誠旗下長江集團、和記黃埔聯合向2010年上海世博會中國館捐贈人民幣1億元。

附錄3　李嘉誠給年輕商人的98條忠告

1.我17歲就開始做批發的推銷員，就更加體會到掙錢的不容易和生活的艱辛了。人家做8個小時，我就做16個小時。

2.我們的社會中沒有大學文憑、白手起家而終成大業的人不計其數，其中優秀企業家群體更是引人注目。他們通過自己的活動爲社會作貢獻，社會也回報他們以崇高榮譽和巨額財富。

3.精明的商家可以將商業意識滲透到生活的每一件事中去，甚至是一舉手一投足。充滿商業細胞的商人，賺錢可以是無處不在、無時不在。

4.我凡事必有充分的準備然後才去做。一向以來，做生意處理事情都是如此。例如天文臺說天氣很好，但我常常問我自己，如5分鐘後宣佈有颱風，我會怎樣，在香港做生意，亦要保持這種心理準備。

5.精明的商人只有嗅覺敏銳，才能將商業情報作用發揮到極致，那種感覺遲鈍、閉門自鎖的公司老闆常常會無所作爲。

6.我從不間斷讀新科技、新知識的書籍，不致因爲不瞭解新訊息而和時代潮流脫節。

7.即使本來有100的力量足以成事，但我要儲足200的力量去攻，而不是隨便去賭一賭。

8.擴張中不忘謹慎，謹慎中不忘擴張。……我講求的是在穩健與進取中取得平衡。船要行得快，但面對風浪一定要挨得住。

9.好的時候不要看得太好，壞的時候不要看得太壞。最重要的是要有遠見，殺雞取卵的方式是短視的行爲。

10.不必再有絲毫猶豫，競爭既搏命，更是鬥智鬥勇。倘若連這點勇氣都沒有，談何在商場立腳，超越置地？

11.對人誠懇，做事負責，多結善緣，自然多得人的幫助。淡泊明志，隨遇而安，不作非分之想，心境安泰，必少許多失意之苦。

12.在逆境的時候，你要問自己是否有足夠的條件。當我自己逆境的時候，我認爲我夠！因爲我勤奮、節儉、有毅力，我肯求知及肯建立一個信譽。

13.做生意一定要同打球一樣，若第一杆打得不好，在打第二杆時，心更要保持鎭定及有計劃，這並不是表示這個會輸。就好比是做生意一樣，有高有低，身處逆境時，你先要鎭定考慮如何應付。

14.我表面謙虛，其實很驕傲，別人天天保持現狀，而自己老想著一直爬上去，所以當我做生意時，就警惕自己，若我繼續有這個驕傲的心，遲早有一天是會碰壁的。

15.當生意更上一層樓時，絕不可有貪心，更不能貪得無厭。

16.任何一種行業，如有一窩蜂趨勢，過度發展，就會造成摧殘。

17.隨時留意身邊有無生意可做，才會抓住時機把握升浪起點，著手越快越好。遇到不尋常的事發生時立即想到賺錢，這是生意人應該具備的素質。

18.人才缺乏，要建國圖強，亦徒成虛願。反之，資源匱乏的國家，若人才鼎盛，善於開源節流，則自可克服各種困難，而使國勢蒸蒸日上。從歷史上看，資源貧乏之國不一定衰弱，可爲明證。

19.假如今日，如果沒有那麼多人替我辦事，我就算有三頭六臂，也沒有辦法應付那麼多的事情，所以成就事業最關鍵的是要有人能夠幫助你，樂意跟你工作，這就是我的哲學。

20.你們不要老提我，我算什麼超人，是大家同心協力的結果。我身邊有300員虎將，其中100人是外國人，200人是年富力強的香港人。

21.長江取名基於長江不擇細流的道理，因爲你要有這樣豁達的胸襟，然後才可以容納細流，沒有小的細流，又怎能成爲長江？

22.在我心目中，不理你是什麼樣的膚色，不理你是什麼樣的國籍，只要你對公司有貢獻，忠誠、肯做事、有歸屬感，即有長期的打算，我就會幫他慢慢地經過一個時期而成爲核心分子，這是我公司一向的政策。

23.一個總司令，是一個集團軍的統帥，拿起機關槍總不會勝過機關槍手，走到炮兵隊操作大炮也不如炮兵。但作爲集團軍的總司令不要管這些，只要懂得運用戰略便可以，所以整個組織十分重要。

24.人才取之不盡，用之不竭。你對人好，人家對你好是自然的，世界上任何人都可以成爲你的核心人物。

25.知人善任，大多數人都會有部分的長處，部分的短處，各盡所能，各得所需，以量才而用爲原則。

26.可以毫不誇張地說，一個大企業就像一個大家庭，每一個員工都是家庭的一分子。就憑他們對整個家庭的巨大貢獻，他們也實在應該取其所得，可以說，是員工養活了整個公司，公司應該多謝他們才對。

27.不爲五斗米折腰的人，在哪裡都有。你千萬別傷害別人的尊嚴，尊嚴是非常脆弱的，經不起任何的傷害。

28.在我的企業內，人員的流失及跳槽率很低，並且從沒出現過工潮。最主要的是員工有歸屬感，萬眾一心。

29.有錢大家賺，利潤大家分享，這樣才有人願意合作。假如拿10%的股份是公正的，拿11%也可以，但是如果只拿9%的股份，就會財源滾滾來。

30.我老是在說一句話，親人並不一定就是親信。一個人你要跟他相處，日子久了，你覺得他的思路跟你一樣是正面的，那你就應該可以信任他；你交給他的每一項重要工作，他都會做，這個人就可以做你的親信。

31.人要去求生意就比較難，生意跑來找你，你就容易做，那如何才能讓生意來找你？那就要靠朋友。如何結交朋友？那就要善待他人，充分考慮到對方的利益。

32.有金錢之外的思想，保留一點自己值得自傲的地方，人生活得更加有意義。

33.以往我是99%是教孩子做的道理，現在有時會與他們談生意……但約1/3談生意，2/3教他們做人的道理。因爲世情才是大學問。

34.壞人固然要防備，但壞人畢竟是少數，人不能因噎廢食，不能爲了防備極少數壞人連朋友也拒之門外。更重要的是，爲了防備壞人的猜疑，算計別人，必然會使自己成爲孤家寡人，既沒有了朋友，也失去了事業上的合作者，最終只能落個失敗的下場。

35.那些私下忠告我們，指出我們錯誤的人，才是真正的朋友。

36.商業合作必須有三大前提：一是雙方必須有可以合作的利益，二是必須有可以合作的意願，三是雙方必須有共用共榮的打算。此三者缺一不可。

37.不義而富且貴，於我如浮雲。是我的錢，一塊錢掉在地上我都會去撿；不是我的，1000萬塊錢送到我家門口我都不會要。我賺的錢每一毛錢都可以公開，就是說，不是不明白賺來的錢。

38.我覺得，顧及對方的利益是最重要的，不能把目光僅僅局限在自己的利益上，兩者是相輔相成的，自己捨得讓利，讓對方得利，最終還是會給自己帶來較大的利益。占小便宜的不會有朋友，這是我小的時候我母親就告訴給我的道理，經商也是這樣。

39.一個人一旦失信於人一次，別人下次再也不願意和他交往或發生貿易往來了。別人寧願去找信用可靠的人，也不願意再找他，因爲他的不守信用可能會生出許多麻煩來。

40.如果取得別人的信任，你就必須做出承諾，一經承諾之後，便要負責到底，即使中途有困難，也要堅守諾言。

41.我生平最高興的，就是我答應幫助人家去做的事，自己不僅是完成了，而且比他們要求的做得更好，當完成這些信諾時，那種興奮的感覺是難以形容的……

42.世情才是學問。世界上每一個人都精明，要令大家信服並喜歡和你交往，那才是最重要的。

43.注重自己的名聲，努力工作、與人爲善、遵守諾言，這樣對你們的事業非常有幫助。

44.講信用，夠朋友。這麼多年來，差不多到今天爲止，任何一個國家的人，任何一個省份的中國人，跟我做夥伴的，合作後都成爲好朋友，從來沒有一件事鬧過不開心，這一點是我引以爲榮的事。

45.我個人對生活一無所求，吃住都十分簡單，上天給我的恩賜，我並沒多要財產的奢求。如果此生能多做點對人類、民族、國家長治久安有益的事，我是樂此不疲的。

46.保持低調，才能避免樹大招風，才能避免成爲別人進攻的靶子。如果你不過分顯示自己，就不會招惹別人的敵意，別人也就無法捕捉你的虛實。

47.如果單以金錢來算，我在香港第六、七名還排不上，我這樣說是有事實根據的。但我認為，富有的人要看他是怎麼做。照我現在的做法，我為自己內心感到富足，這是肯定的。

48.做人最要緊的，是讓人由衷地喜歡你，敬佩你本人，而不是你的財力，也不是表面上讓人聽你的。

49.絕不同意為了成功而不擇手段，刻薄成家，理無久享。

50.一個有使命感的企業家，應該努力堅持走一條正途，這樣我相信大家一定可以得到不同程度的成就。

51.要成為一位成功的領導者，不單要努力，更要聽取別人的意見，要有忍耐力，提出自己意見前，更要考慮別人的意見，最重要的是創出新穎的意念……作為一個領袖，第一最重要的是責己以嚴，待人以寬；第二，要令他人肯為自己辦事，並有歸屬感。機構大必須依靠組織，在二三十人的企業，領袖走在最前端便最成功。當規模擴大至幾百人，領袖還是要去參與工作，但不一定是走在前面的第一人。要大便要靠組織，否則，便遲早會撞板，這樣的例子很多，百多年的銀行也一朝崩潰。

52.未攻之前一定先要守，每一個政策實施前都必須做到這一點。當我著手進攻的時候，我要確信，有超過百分之一百的能力。

53.與其到頭來收拾殘局，甚至做成蝕本生意，倒不如當時理智克制一些。

54.眼睛僅盯在自己小口袋的是小商人，眼光放在世界大市場的是大商人。同樣是商人，眼光不同，境界不同，結果也不同。

55.身處在瞬息萬變的社會中，應該求創新，加強能力，居安思危，無論你發展得多好，時刻都要做好準備。

56.中華民族勤勞勇敢，堅忍不拔，雖然歷史上有過受辱挨打的過去，但是現在走正確的道路必然會有著光明的未來。無論哪個民族和人民，都是愛自己國家……

57.力爭上游，雖然辛苦，但也充滿了機會。我們做任何事，都應該有一番雄心壯志，立下遠大的目標，用熱忱激發自己幹事業的動力。

58.人，第一要有志，第二要有識，第三要有恆，有志則斷不甘為下流。

59.知識不僅是指課本的內容，還包括社會經驗、文明文化、時代精神等整體要素，才有競爭力。知識是新時代的資本，五六十年代人靠勤勞可以成事；今天的香港要搶知識，要以知識取勝。

60.人們讚譽我是超人，其實我並非天生就是優秀的經營者。到現在我只敢說經營得還可以，我是經歷了很多挫折和磨難之後，才領會一些經營的要訣的。

61.今天在競爭激烈的世界中，你付出多一點，便可贏得多一點。好像奧運會一樣，如果跑短賽，雖然是跑第一的那個贏了，但比第二、第三的只勝出少許，只要快一點，便是贏。

62.當你作出決定後，便要一心一意地朝著目標走，常常記著名譽是你的最大資產，今天便要建立起來。

63.在事業上謀求成功，沒有什麼絕對的公式，但如果能依賴某些原則的話，能將成功的希望提高許多。

64.苦難的生活，是我人生的最好鍛煉，尤其是做推銷員，使我學會了不少的東西，明白了不少事理。所以這些，是我用10億、100億也買不到的。

65.我認爲勤奮是個人成功的要素，所謂一分耕耘，一分收穫，一個人所獲得的報酬和成果，與他所付出的努力是有極大的關係。運氣只是一個小因素，個人的努力才是創造事業的最基本條件。

66.創業的過程，實際上就是恒心和毅力堅持不懈的發展過程，其中並沒有什麼秘密，但要真正做到中國古老的格言所說的勤和儉也不太容易。而且，從創業之初開始，還要不斷學習，把握時機。

67.在看蘇東坡的故事後，就知道什麼叫無故受傷害。蘇東坡沒有野心，但就是給人陷害，他弟弟說得對，我哥哥錯在出名，錯在高調。這個真是很無奈的過失。

68.年輕時我表面謙虛，其實我內心很驕傲。爲什麼驕傲呢？因爲同事們去玩的時候，我去求學問；他們每天保持原狀，而自己的學問日漸提高。

69.我這棵小樹是從沙石風雨中長出來的，你們可以去山上試試，由沙石長出來的小樹，要拔去是多麼的費力啊！但從石縫裡長出來的小樹，則更富有生命力。

70.科技世界深如海，正如曾國藩所說的，必須有智、有識，當你懂得一門技藝，並引以爲榮，便愈知道深如海，而我根本未到深如海的境界，我只知道別人走快我們幾十年，我們現在才起步追，有很多東西要學習。

71.無論何種行業，你越拚搏，失敗的可能性越大，但是你有知識，沒有資金的話，小小的付出就能夠有回報，並且很可能達到成功。

72.從前經商，只要有些計謀，敏捷迅速，就可以成功；可現在的企業家，還必須要有相當豐富的知識資產，對於國內外的地理、風俗、人情、市場調查、會計統計等都非常熟悉不可。

73.一個人憑己的經驗得出的結論當然是最好，但是時間就浪費得多了，如果能將書本知識和實際工作結合起來，那才是最好的。

74.下一個世紀的企業家將和我完全不同，因新世紀企業家的成功取決於科技和知識，而不是錢。

75.作爲父母，讓孩子在十五六歲就遠離家鄉，遠離親人，隻身到外面去求學深造，當然是有些於心不忍，但是爲了他們的將來，就是再不忍心也要忍心。

76.如果在競爭中，你輸了，那麼你輸在時間；反之，你贏了，也贏在時間。

77.世界上並非每一件事情，都是金錢可以解決的，但是確實有很多事情需要金錢才能解決。

78.我的錢來自社會，也應該用於社會，我已不再需要更多的錢，我賺錢不是只爲了自己，爲了公司，爲了股東，也爲了替社會多做些公益事業，把多餘的錢分給那些殘疾及貧困的人。

79.萬一真的失敗了，也不必怨恨，慢慢圖謀東山再起的機會，只要一息尚存，仍有作最後決戰的本錢。

80.一個人除了賺錢滿足自己的成就感之外，就是爲了讓自己生活得更好一點，如果只顧賺錢，並賠上自己的健康，那是很不值得的。

81.做事投入是十分重要的。你對你的事業有興趣，你的工作一定會做得好。

82.儘量擠出時間使自己得到良好的休息。只有得到良好的休息，才會有充沛、旺盛的精力去面對突如其來發生的各種事情。

83.衣服和鞋子是什麼牌子，我都不怎麼講究。一套西裝穿十年八年是很平常的事。我的皮鞋10雙有5雙是舊的。皮鞋壞了，扔掉太可惜，補好了照樣可以穿。我手上戴的手錶，也是普通的，已經用了好多年。

84.我覺得一家幸福是最緊要，生意起跌是小事。生意今日起，明日跌，一家人開心最緊要。

85.商業的存在除了創造繁榮和就業，最大作用是服務人類的需要。企業是爲股東謀取利潤的，但應該堅持固定文化，這裡經營的其中一項成就，是企業長遠發展最好的途徑。

86.爲了適應時代發展變化的需要，也爲了企業自身的生存和發展，企業必須以市場爲導向、以創新爲手段、以效率爲核心，重建企業形象。

87.我們長江要生存，就得要競爭；要競爭，就必須有好的品質。只有保證品質，才能保證信譽，才能保證長江的發展壯大。

88.我對自己有一個約束，並非所有賺錢的生意都做。有些生意，給多少錢讓我賺，我都不賺……有些生意，已經知道是對人有害，就算社會容許做，我都不做。

89.領導全心協力投入熱誠，是企業最大的鼓動力。與員工互動溝通，對同事尊重，才可建立團隊精神。人才難求，對具備創意、膽識及謹慎態度的同事，應給予良好的報酬和顯示明確的前途。

90.對一個職工，如果他平時馬馬虎虎，我會十分生氣，一定會批評，但他有時做錯事，你應該給他機會去改正。

91.大部分的人都有部分長處部分短處，好像大象食量以斗計，螞蟻一小勺便足夠。各盡所能，各得所需，以量才而用爲原則；又像一部機器，假如主要的機件需要用五百匹馬力去發動，雖然半匹馬力與五匹馬力相比是小得多，但也能發揮其一部分作用。

92.中國古人講，萬變不離其宗。這個宗就是指合乎實際情況，合乎道理。變是一定要變的，這個世界本來就是豐富多彩的，千變萬化的。

93.要給員工好的待遇及前途，讓他們有受重視的感覺。當然，還要有良好的監督和制度，不然山高皇帝遠，一個好人也會變壞。

94.雖然老闆受到的壓力較大，但是做老闆所賺的錢，已經多過員工很多，所以我事事總不忘提醒自己，要多爲員工考慮，讓他們得到應得的利益。

95.我認爲要像西方那樣，有制度且比較進取，用兩種方式來做，而不是全盤西化或是全盤儒家。儒家有它的好處，也有它的短處，儒家在進取方面是很不夠的。

96.一間小的家庭式公司要一手一腳去做，得當公司發展大了，便要讓員工有歸屬感，令他們感到安心，這是十分重要的。管理之道，簡單來說是知人善任，但在原則上一定要令他們有歸屬感，要他們喜歡你。

97.只有博大的胸襟，自己才不會那麼驕傲，不會認爲自己樣樣出眾，承認其他人的長處，得到他人的幫助，這便是古人所說的有容乃大的道理。

98.凡事都留個餘地，因爲人是人，人不是神，不免有錯處，可以原諒人的地方，就原諒人。

亞洲首富李嘉誠傾囊相授

——給你的24堂財富課

作者：張笑恒
發行人：陳曉林
出版所：風雲時代出版股份有限公司
地址：10576台北市民生東路五段178號7樓之3
電話：(02) 2756-0949
傳真：(02) 2765-3799
執行主編：劉宇青
美術設計：許惠芳
行銷企劃：林安莉
業務總監：張瑋鳳

初版日期：2019年2月
版權授權：呂長青
ISBN ：978-986-352-674-2
風雲書網：http://www.eastbooks.com.tw
官方部落格：http://eastbooks.pixnet.net/blog
Facebook：http://www.facebook.com/h7560949
E-mail：h7560949@ms15.hinet.net
劃撥帳號：12043291
戶名：風雲時代出版股份有限公司

風雲發行所：33373桃園市龜山區公西村2鄰復興街304巷96號
電話：(03) 318-1378
傳真：(03) 318-1378
法律顧問：永然法律事務所 李永然律師
北辰著作權事務所 蕭雄淋律師

行政院新聞局局版台業字第3595號 營利事業統一編號22759935

定價：280元

國家圖書館出版品預行編目資料

亞洲首富李嘉誠傾囊相授——給你的24堂財富課 ／
張笑恒 著. -- 臺北市：風雲時代，2019.01- 面；公分

ISBN 978-986-352-674-2（平裝）

1.李嘉誠 2.學術思想 3.企業管理

494 107021701